电网设备技术监督

实训手册

国网安徽省电力有限公司设备管理部
国网安徽省电力有限公司安庆供电公司 ◎组编

李坚林　张晨晨　刘　翀 ◎主编

DIANWANG SHEBEI JISHU
JIANDU SHIXUN SHOUCE

合肥工業大學出版社

内容提要

本书共分为5章，分别为技术监督概述、电气性能技术监督、金属技术监督、土建技术监督和典型案例与分析，以技术监督专业理论知识介绍为基础，以实况分析、现场检测等实例及案例为主。

本书系统性、针对性较强，适应于各层级技术监督管理相关岗位的实践应用，以及现场监督技能实训教学中。

图书在版编目(CIP)数据

电网设备技术监督实训手册/李坚林，张晨晨，刘翀主编．—合肥：合肥工业大学出版社，2022.11

ISBN 978-7-5650-5618-5

Ⅰ.①电… Ⅱ.①李…②张…③刘… Ⅲ.①电网—电力设备—技术监督—手册 Ⅳ.①TM7-62

中国版本图书馆CIP数据核字(2022)第051772号

电网设备技术监督实训手册

李坚林　张晨晨　刘　翀　主编　　　　责任编辑　刘　露

出　版	合肥工业大学出版社	版　次	2022年11月第1版
地　址	合肥市屯溪路193号	印　次	2022年11月第1次印刷
邮　编	230009	开　本	787毫米×1092毫米　1/16
电　话	理工图书出版中心：0551-62903004	印　张	12.25
	营销与储运管理中心：0551-62903198	字　数	268千字
网　址	www.hfutpress.com.cn	印　刷	安徽联众印刷有限公司
E-mail	hfutpress@163.com	发　行	全国新华书店

ISBN 978-7-5650-5618-5　　　　定价：49.00元

编 委 会

前　　言

我国经济社会的快速发展对电力供应提出了越来越高的要求，保障电网设备健康稳定运行意义重大，技术监督工作可以采取多种手段对供电设备的重要参数、运行性能进行有效监督检测，为确保电网工作准确、高效开展，技术监督人员的专业技术水平和现场监督能力亟须提升。

本书分为5章，分别为技术监督概述、电气性能技术监督、金属技术监督、土建技术监督和典型案例与分析。本书系统性、针对性较强，以技术监督专业理论知识介绍为基础，以实况分析、现场检测等实例及案例为主，注重理论与现场实际相结合，适应于各层级技术监督管理相关岗位的实践应用，以及标准化、专业化的现场技能实训教学工作中。

本书在编写过程中得到国网安徽省电力有限公司、国网安徽安庆供电公司有关领导、部门以及各单位的大力支持，也得到了许多专家的指导帮助，在此表示衷心的感谢！

鉴于编写人员水平有限，加之时间仓促，难免有疏漏或不妥之处，恳请广大读者批评指正。

编　者

2022年8月

目　录

第 1 章　技术监督概述 …………………………………… (1)

1.1　专项技术监督简介 …………………………………… (2)

1.2　专项技术监督工作流程 …………………………………… (3)

1.3　专项技术监督实训的意义 …………………………………… (4)

第 2 章　电气性能技术监督 …………………………………… (5)

2.1　主变压器辅助设备专项监督 …………………………………… (5)

2.2　开关类设备专项监督 …………………………………… (14)

2.3　蓄电池性能专项监督 …………………………………… (27)

2.4　交流盘型悬式瓷绝缘子机电破坏负荷监督 …………………… (36)

2.5　配电类产品性能专项监督 …………………………………… (39)

2.6　电缆类产品性能专项监督 …………………………………… (66)

第 3 章　金属技术监督 …………………………………… (89)

3.1　金属技术监督装备管理 …………………………………… (89)

3.2　金属技术监督工作内容 …………………………………… (90)

3.3　金属专项技术监督检测方法 …………………………………… (96)

第 4 章　土建技术监督 …………………………………… (115)

4.1　室外 GIS 设备基础沉降监督 …………………………………… (115)

4.2　建筑防水监督 …………………………………… (125)

4.3 抗渗混凝土监督 …………………………………………………… (132)
4.4 穿墙套管及门窗密封监督 …………………………………………… (141)
4.5 回填土压实监督 …………………………………………………… (148)

第5章 典型案例与分析 …………………………………………… (154)

案例1 蓄电池性能一致性试验案例 ………………………………… (154)
案例2 220 kV 主变铜部件材质分析案例 ………………………… (155)
案例3 GIS设备沉降观测点、基准点设置案例 ……………………… (157)

附表1 金属技术监督项目表 ……………………………………… (160)

附表2 金属专项技术监督质量判定依据 ………………………… (162)

第 1 章　技术监督概述

电力技术监督是电力生产技术管理的一项重要内容，它贯穿于规划方案与可研报告、工程设计、设备采购、设备制造、设备验收、设备安装、设备调试、竣工验收、运维检修、退役报废等全过程。它是指按照统一标准，利用先进管理方法，采用有效的检测、试验、抽查和核查资料等手段，监督有关技术标准规范和设备反事故措施在各阶段的执行落实情况，分析评价电力设备健康状况、运行风险和安全水平，并反馈到发展、基建、运检、营销、科技、信通、物资、调度等部门，从而确保电力设备安全、可靠、经济地运行。

技术监督工作（图 1-1）以提升设备全过程精益化管理水平为中心，在专业技术监督的基础上，以设备为对象，依据技术标准和预防事故措施并充分考虑实际情况，采用检测、试验、抽查和核查资料等多种手段，全过程、全方位、全覆盖地开展监督工作。

图 1-1　技术监督工作

国网公司技术监督精益管理系统是技术监督工作的管理平台，相关部门和单位应将所负责的阶段和专业的技术监督工作计划和信息及时录入管理系统，各级电科院（地市检修分公司）负责对相关单位和部门录入管理系统的数据开展核查，技术监督办公室应定期组织人员对技术监督工作质量进行评价。

1.1 专项技术监督简介

随着电力事业的不断发展和电力技术水平的日益提高，社会对电力设备技术监督的范围越来越广、内容越来越多，工作要求也越来越高，电力技术监督工作(图 1-2)应当以专项技术监督工作为基础，通过加强专业建设，不断提高、完善检测技术、方法、手段，提升设备诊断水平和能力。

图 1-2 电力技术监督工作

近年来，入网设备的质量引起国网公司高度重视，电气性能、金属及土建专项监督作为电力技术监督中的重要工作，能够及时发现并处理电力物资材料质量、制造质量问题，有效杜绝了设备"带病入网"，从而助力提升电网本质安全水平。

电气性能技术监督是保证电网安全稳定运行的重要手段，它主要针对变压器辅助设备、开关、蓄电池、防污闪涂料、瓷绝缘子、配电变压器、配电避雷器、跌落式熔断器、台区剩余电流保护断路器、电缆等设备开展内外绝缘、过电压保护以及设备通流能力进行监督工作。其中，主网设备以输变电工程为单位开展，范围覆盖公司全部 35 kV 及以上新建、改扩建输变电工程；配网设备以每个厂家、每个生产批次为单位开展，对每个厂家的每个批次进行全覆盖检测。

金属(材料)技术监督是采取有效的检测、试验、抽查和核查资料等手段，按照公司、行业技术标准和反事故措施的相关条款，依据《金属(材料)技术监督工作指导意见(试行)》(运检技术〔2018〕81 号)监督电网设备部件材料相关的性能、结构及工艺要求，防止其在运行过程中发生过热、腐蚀、形变、断裂等情况引发设备事故，提高输变电设备运行的可靠性，确保电网设备安全可靠运行。金属(材料)专项技术监督工作，主网设备以输变电工程为单位开展，范围覆盖公司全部 35 kV 及以上新建、改扩建输变电工程；配网设备以每个厂家、每个生产批次为单位开展，对每个厂家的每个批次进行全覆盖检测。

土建技术监督是一项新兴的监督专业。随着变电站投运年限的增长，尤其是运行时间超过 15 年的老旧变电站开关室、控制室及附属设施，易发生建筑物渗水、基础沉降、墙体开裂等现象，存在引发穿墙套管放电导致主变跳闸、开关柜受潮导致设备放电、二次设备进水导致保护误动等事件的风险。监督项目以输变电工程为单位开展，范围覆盖公司全部 35 kV 及以上新建、改扩建变电站和投运 1 年以内的 110 kV 及以上变电站，主要包括室外 GIS 设备基础沉降、建筑防水、抗渗混凝土、穿墙套管、门窗密封及回填土压实等内容。

1.2　专项技术监督工作流程

1. 计划编制

各级技术监督管理单位组织编写专项技术监督年度计划，跟踪落实情况。

2. 监督检测准备

实施单位根据专项技术监督年度计划及设备物资到货情况，提前做好现场检测准备工作，包括明确工作负责人、准备相关检测仪器等。

3. 现场监督检测

各级检测人员严格按照公司相关安全规定、现场作业指导书及仪器设备操作说明书等开展工作，确保资料记录齐全、安全措施完整、检测现场整洁。

4. 异常结果处理

专项技术监督工作遵循技术监督告警制度，告警单由各级实施单位编制，经技术监督办公室审批盖章后，及时向相关单位和部门进行发布。告警单发布后 5 个工作日内，由主管部门组织相关单位向技术监督办公室提交反馈单。

5. 工作总结

各实施单位加强专项技术监督检测资料管理，检测人员在现场检测工作结束后 5 个工作日内完成检测资料的整理，并出具检测报告。

省检修公司、地市公司每月 25 日前将本月专项监督工作总结及检测报告（盖章版）报送至省电科院。省电科院对全省专项技术监督工作完成及设备缺陷情况进行汇总分析，次月 1 日前将全省专项监督工作总结报送至省公司设备管理部。

省公司设备管理部组织对省电科院报送的工作总结进行审核，重点审核检测报告规范性及设备缺陷处理情况，每月 5 日前将上月专项监督工作总结报送国网设备部。

专项技术监督工作流程如图 1－3 所示。

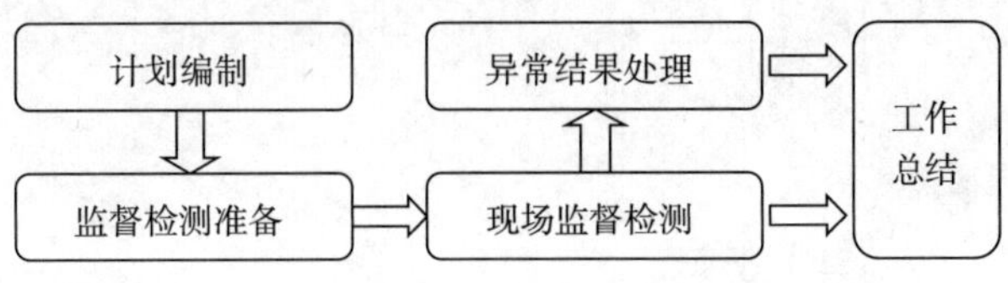

图 1－3　专项技术监督工作流程

1.3 专项技术监督实训的意义

技术监督工作实行统一制度、统一标准、统一流程、依法监督和分级管理的原则，坚持技术监督管理与技术监督执行分开、技术监督与技术服务分开、技术监督与日常设备管理分开，坚持技术监督工作独立开展。从这个角度上来说，对开展技术监督工作的人员要求比较高，一是要懂标准，二是要独立于专业，三是要公平公正。利用多渠道的培训，在培训和工作中逐步积累技术监督力量，对完成专项技术监督工作具有切实意义。

另外，技术监督工作必须落实完善的组织保障、制度保障、技术保障、信息保障和装备保障机制，这些得天独厚的条件，具备了大规模、高频次开展技术监督培训工作的基础，有利于实训工作的推进。

图 1-4 技术监督工作培训

第 2 章　电气性能技术监督

电气性能技术监督是保证电网安全、可靠、经济和稳定运行的重要手段之一，也是电网生产技术管理的一项重要基础工作，它以电网设备可靠性为中心、技术标准为依据、状态评估为手段开展工作，主要包括电气设备的内外绝缘、过电压保护以及设备通流能力监督工作等。

电气性能技术监督应坚持贯彻"安全第一，预防为主"的方针，按照统一制度、统一标准和分级管理的原则，积极推行全过程、全方位技术监督，发现电网和设备隐患，及时消除，防止事故发生，提高电网的安全运行水平。

2.1　主变压器辅助设备专项监督

2.1.1　变压器油中溶解气体在线监测装置专项监督

1. 试验目的

变压器油在电气设备中起着绝缘、散热、灭弧等重要作用，变压器油试验是新油验收和在运行监督中判断油质和设备故障的有效手段，分析变压器油中溶解气体组分含量是监视充油电气设备安全运行的最有效的措施之一。该试验通过对变压器油中溶解气体在线监测装置开展电气性能试验，有效保证了装置的运行质量，能够实现对设备运行状态的长期跟踪以及对突发故障的快速响应。

2. 抽检比例

对新入网变压器油中溶解气体在线监测，按照每个供应商、每种型号不少于 10% 的比例（最少 1 台）进行抽检。

3. 检测时机及方式

设备到货后抽检。该试验为无损试验，试验合格的设备仍可用于工程。

4. 危险点分析及控制措施

① 色谱分析必须在仪器先通载气后，再开仪器电源，关机时必须先切断电源，待转化

炉温度降至规定温度后，再切断载气，否则仪器可能被烧坏。其他气体的使用必须符合气体安全使用规程。

② 各项试验所用药品、气体和电源必须符合化学药品使用规程、气瓶安全使用规程和安全用电规程，确保人身安全和仪器不受损害。

③ 试验接线应正确、牢固，试验人员应精力集中，注意被试品应与其他设备有足够的安全距离，严禁误动误碰带电设备，必要时应加绝缘板等安全措施。

5. 测试前的准备工作

(1)了解被试设备现场情况及试验条件

查勘现场，查阅相关技术资料，掌握变压器油中溶解气体在线监测装置的技术参数和性能指标。

(2)测试仪器、设备准备

选择绝缘油气相色谱仪，具有控温、搅拌等功能，同时应有气体进样口、油样手动取样口和在线监测装置接口的油样制备装置，还有计时装置、温(湿)度计、接地线、安全帽、电工常用工具、试验临时安全遮栏、标示牌等，并查阅测试仪器、设备及可能用到的绝缘工器具的检定证书有效期。

(3)做好试验现场安全和技术措施

向其余试验人员交代工作内容、带电部位、现场安全措施、现场作业危险点，明确人员分工及试验程序。

6. 检测标准

Q/GDW 10536—2017《变压器油中溶解气体在线监测装置技术规范》条款7.3～7.7。

7. 测试内容及要求

(1)制备油样

向油样制备装置中注入变压器油，然后通入一定量的配油样用气体并与变压器油充分混合，配置出一定组分含量的油样。制备的油样中气体组分含量由实验室气相色谱仪测量。油样按所含气体组分含量的不同去划分时应满足下列要求。

① 多组分监测装置检验要求：

A. 总烃含量低于 10 μL/L 的油样不少于 1 个，其中 C_2H_2 接近最低检测限值(允许偏差≤0.5 μL/L)。

B. 总烃含量介于 10 μL/L 和 150 μL/L 之间的油样不少于 1 个。

C. 总烃含量介于 150 μL/L 和最高检测限值之间的油样不少于 1 个。

② 少组分监测装置检验要求：

A. 介于最低检测限值和最高检测限值之间的油样不少于 3 个。

B. 油样分析：在同一样本中取两份油样，分别采用在线监测装置和实验室气相色谱仪进行检测分析，将两者检测数据进行比对。

C. 误差计算：对在线监测装置测量数据与实验室气相色谱仪测量数据进行比对，计算其测量误差。

误差试验流程如图 2－1 所示。

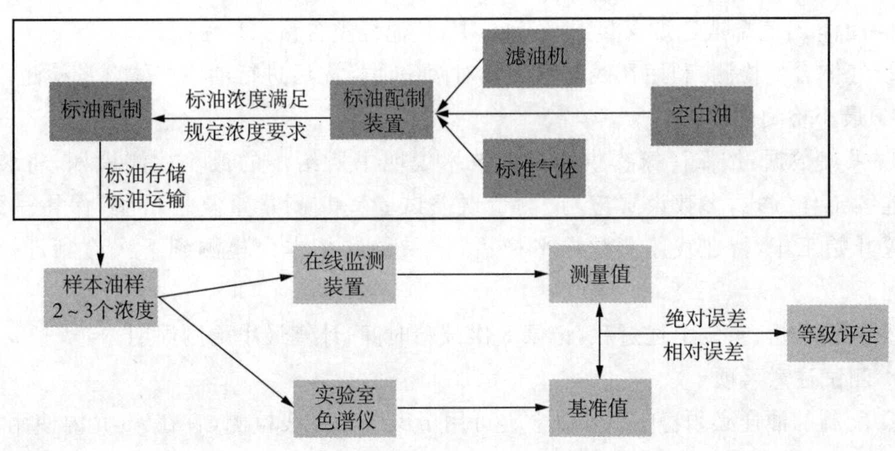

图 2－1　误差试验流程图

(2)测量重复性试验

① 油样分析满足下列要求：

A. 多组分监测装置：针对总烃≥50 μL/L 的油样，同一油样连续进行 6 次在线监测装置油中气体分析。

B. 少组分监测装置：针对氢气或乙炔≥50 μL/L 的油样，同一油样连续进行 6 次在线监测装置油中气体分析。

② 重复性计算：对分析结果按式计算，重复性以总烃测量结果的相对标准偏差(*RSD*)表示。

重复性试验流程图如图 2－2 所示。

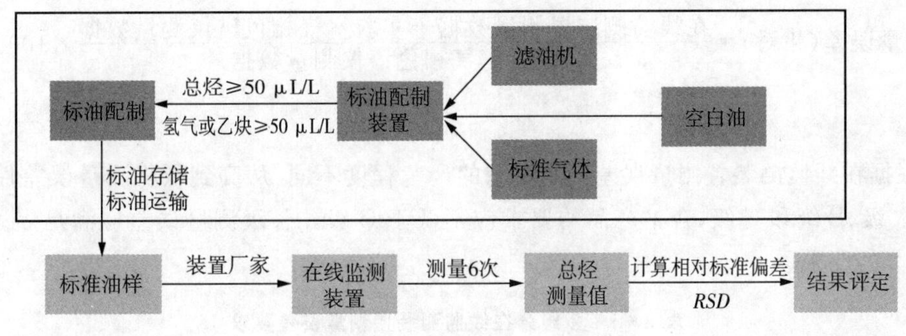

图 2－2　重复性试验流程图

(3)交叉敏感性试验

① 配制油样步骤：向油样制备装置中注入变压器油，然后通入一定量的配油样用气体并与变压器油充分混合，配置出一定组分含量的两份油样。油样按所含气体组分含量的不同去划分时应满足下列要求：

A. 油样1:一氧化碳含量>1000 μL/L,二氧化碳含量>10000 μL/L,氢气含量<50 μL/L。

B. 油样2:乙烯或乙烷含量>500 μL/L,其他烃类含量<10 μL/L。

② 气体含量检测:利用在线监测装置对两份油样先后进行油中气体含量检测。

(4)最小检测周期试验

① 采集数据:按照厂家提供的装置技术说明书所给出的最小检测周期,将装置设定为连续工作方式,参数设置应与“测量误差试验”和“测量重复性试验”保持一致,启动装置开始工作,待在线监测数据平稳后,记录仪器从本次检测到下次检测进样所需的时间。

② 数据分析:重复上述过程,记录3次试验时间,计算最小检测周期。

8. 测试注意事项

① 配制的油样必须稳定2 h以上方可用于离线和在线检测,宜在48 h内使用,超过48 h后油样浓度须重新利用实验室色谱仪进行测定。

② 在更换另一种待测油样后,须用待测油样对在线监测装置进行冲洗。

③ 配制的测量重复性标准油样的量至少满足在线监测装置进行10次测量。

④ 除非有特殊要求,测量重复性油样不应循环使用,测试后的油直接排入废油桶。

⑤ 油样的采集、脱气,油中溶解气体的分离、检测等步骤,应按照GB/T 7597和GB/T 17623的方法执行。

9. 测试结果分析及测试报告编写

(1)测试结果分析

按式(2-1)和式(2-2)对在线监测装置测量数据和实验室气相色谱仪测量数据进行比对分析,计算各项成分测量误差。

$$\text{测量误差(绝对)}=\text{在线监测装置测量数据}-\text{实验室气相色谱仪测量数据} \tag{2-1}$$

$$\text{测量误差(相对)}=\frac{\text{在线监测装置测量数据}-\text{实验室气相色谱仪测量数据}}{\text{实验室气相色谱仪测量数据}}\times 100\% \tag{2-2}$$

根据在线监测装置测量误差限制要求的严苛程度不同,从高到低将测量误差性能定义为A级、B级和C级,合格产品的要求应不低于C级。各级测量误差应满足表2-1、表2-2的要求。

表2-1 多组分在线监测装置测量误差要求

检测参量	检测范围(μL/L)	测量误差限值(A级)	测量误差限值(B级)	测量误差限值(C级)
氢气 H_2	2~20	±2 μL/L或±30%[a]	±6 μL/L	±8 μL/L
	20~2000	±30%	±30%	±40%

（续表）

检测参量	检测范围（μL/L）	测量误差限值（A级）	测量误差限值（B级）	测量误差限值（C级）
乙炔 C_2H_2	0.5～5	±0.5 μL/L 或±30%[a]	±1.5 μL/L	±3 μL/L
	5～1000	±30%	±30%	±40%
甲烷 CH_4、乙烯 C_2H_4、乙烷 C_2H_6	0.5～10	±0.5 μL/L 或±30%[a]	±3 μL/L	±4 μL/L
	10～1000	±30%	±30%	±40%
一氧化碳 CO	25～100	±25 μL/L 或±30%[a]	±30 μL/L	±40 μL/L
	100～5000	±30%	±30%	±40%
二氧化碳 CO_2	25～100	±25 μL/L 或±30%[a]	±30 μL/L	±40 μL/L
	100～15000	±30%	±30%	±40%
总烃(C_1+C_2)	2～20	±2 μL/L 或±30%[a]	±6 μL/L	±8 μL/L
	20～4000	±30%	±30%	±40%
[a] 低浓度范围内，测量误差限值取两者较大值。				

表 2-2　少组分在线监测装置测量误差要求

检测参量	检测范围（μL/L）	测量误差限值（A级）	测量误差限值（B级）	测量误差限值（C级）
氢气 H_2	5～50	±5 μL/L 或±30%[a]	±20 μL/L	±25 μL/L
	50～2000	±30%	±30%	±40%
乙炔 C_2H_2	1～5	±1 μL/L 或±30%[a]	±3 μL/L	±4 μL/L
	5～200	±30%	±30%	±40%
一氧化碳 CO	25～100	±25 μL/L 或±30%[a]	±30 μL/L	±40 μL/L
	100～2000	±30%	±30%	±40%
复合气体（H_2,CO,C_2H_4,C_2H_2）	5～50	±5 μL/L 或±30%[a]	±20 μL/L	±25 μL/L
	50～2000	±30%	±30%	±40%
[a] 低浓度范围内，测量误差限值取两者较大值。				

判定合格标准：按照采购规范中明确的 A、B、C 级装置，分别满足表 2-1、表 2-2 中

A、B、C 级要求。

(2)测量重复性试验

① 多组分监测装置:针对总烃含量≥50 μL/L 的油样,对 6 次在线监测油中气体分析结果按式(2-3)进行计算,得到以总烃测量结果的相对标准偏差 RSD。

$$RSD=\sqrt{\frac{\sum_{i=1}^{n}(C_i-\overline{C})^2}{n-1}}\times\frac{1}{\overline{C}}\times 100\% \tag{2-3}$$

式中:n—— 测量次数;

C_i—— 第 i 次测量结果;

$\overline{C}$——n 次测量结果的算术平均值。

② 少组分监测装置:针对氢气或乙炔含量≥50 μL/L 的油样,对 6 次在线监测油中气体分析结果按式(2-3)进行计算,得到测量结果的相对标准偏差 RSD。

判定合格标准:相对标准偏差 RSD 应不大于 5%。

(3)交叉敏感性试验

对两份油样的油中气体含量检测结果进行判定。

判定合格标准:油样 1 的氢气测量结果满足准确性要求,油样 2 的烃类气体的测量结果满足准确性要求。

(4)最小检测周期试验

按式(2-4)计算在线监测装置的最小检测周期。

$$\bar{t}=\frac{t_1+t_2+t_3}{3} \tag{2-4}$$

式中:$\bar{t}$——最小检测周期;

t_1、t_2、t_3——第 1、2、3 次检测时间。

判定合格标准:装置应能按照所设定的最小检测周期工作,多组分监测装置最小检测周期不大于 2 h,少组分监测装置最小检测周期不大于 24 h。

(5)测试报告编写

① 被测装置相关的全部详细资料,包括装置编号及型号,供应商名称。

② 检测环境:环境温度、相对湿度。

③ 送检或委托单位。

④ 试验日期。

⑤ 测量误差试验的各项气体成分浓度,以及绝对误差、相对误差。

⑥ 测量重复性试验的气体组分和相对标准偏差。

⑦ 最小检测周期 $\bar{t}$ 值。

2.1.2 变压器气体继电器校验

1. 试验目的

气体继电器又称“瓦斯继电器”,它是变压器的一种保护装置,安装在变压器的储油柜和油箱之间的连接管道中。当变压器内部发生故障，造成油分解产生气体或油流涌动时，气体继电器发生接点动作，接通指定的控制回路，并及时发出信号告警（轻瓦斯）或启动保护元件自动切除变压器（重瓦斯）。该试验校验了气体继电器的制造工艺，保障了其各项电气性能稳定，从而保证了变压器的可靠运行。

2. 抽检比例

对新安装的 220 kV 及以上变压器气体继电器按照 100％比例进行检验。

3. 检测时机及方式

设备到货后全检。该试验为无损试验，试验合格设备仍可用于工程。

4. 危险点分析及控制措施

(1)防止高处坠落

如需高处作业，应系好安全带。必要时应使用高处作业车，严禁徒手攀爬。

(2)防止高处落物伤人

高处作业应使用工具袋，上下传递物件应用绳索拴牢传递，严禁抛掷。

(3)防止工作人员触电

试验设备外壳应可靠接地，试验接线应正确、牢固，试验人员应精力集中，注意被试品应与其他设备有足够的安全距离，必要时应加绝缘板等安全措施。

5. 测试前的准备工作

(1)了解被测试设备现场情况及试验条件

查勘现场，查阅相关技术资料，掌握气体继电器的技术参数和性能指标。

(2)测试仪器、设备准备

选择检验装置、符合变压器运行标准的变压器油、绝缘电阻表（兆欧表）、耐压测试仪、常用计量器具、温（湿）度计、接地线、安全帽、电工常用工具、试验临时安全遮栏、标示牌等，并查阅测试仪器、设备及可能用到的绝缘工器具的检定证书有效期。

(3)做好试验现场安全和技术措施

向其余试验人员交代工作内容、带电部位、现场安全措施、现场作业危险点，明确人员分工及试验程序。

6. 检测标准

DL/T 540—2013《气体继电器检验规程》。

7. 检测项目及内容

(1)外观检查

① 继电器壳体表面光洁，无油漆脱落，无锈蚀，玻璃窗刻度清晰，出线端子应便于接线；螺杆无松动，放气阀和探针等应完好。

② 铭牌应采用黄铜或者不锈钢材质，铭牌应包含厂家、型号、编号、参数等内容。

③ 继电器内部零件应完好，各螺丝应有弹簧垫圈并拧紧，固定支架牢固可靠，各焊缝处应焊接良好，无漏焊。

④ 放气阀、探针操作应灵活。

⑤ 开口杯转动应灵活。

⑥ 干簧管固定牢固，并有缓冲套，玻璃管应完好无渗油，根部引出线焊接可靠，引出硬柱不能弯曲并套软塑料管排列固定。永久磁铁在框架内固定牢固。

⑦ 挡板转动应灵活。干簧触点可动片面向永久磁铁并保持平行，尽可能调整两个触点同时断合。

⑧ 检查动作于跳闸的干簧触点。转动挡板至干簧触点刚开始动作处，永久磁铁面距干簧触点玻璃管面的间隙应保持在合理范围内。继续转动挡板到终止位置，干簧触点应可靠吸合，并保持其间隙在合理范围内，否则应进行调整。

(2)绝缘强度试验

① 用 1000 V 绝缘电阻表测量干簧触点的绝缘电阻。

② 出线端子对地以及无电气联系的出线端子间，在耐压试验前采用 2500 V 绝缘电阻表测量其绝缘电阻。

③ 绝缘电阻试验结束后，用工频电压 1000 V 对其进行 1 min 介质强度试验，或用 2500 V 绝缘电阻表进行 1 min 介质强度试验。

④ 耐压试验结束后，用 2500 V 绝缘电阻表再次测量其绝缘电阻。

(3)流速值试验

① 如图 2-3 所示注入油流，油流速度从 0 m/s 开始，在流速整定值的 30%～40%的油流冲击下，稳定 3～5 min，观察其稳定性。

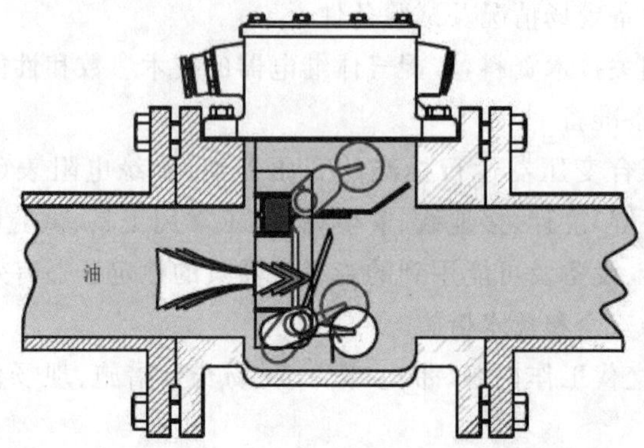

图 2-3　继电器流速值试验示意图

② 缓慢、均匀、稳定增加流速，直至有跳闸动作输出。记录此时测得的稳态流速值，即为流速动作值。气体继电器流速整定值由变压器生产厂家提供。

③ 重复上述步骤三次，记录继电器各次流速动作值并计算分析。

(4)气体容积值试验

① 如图 2-4 所示，将继电器充满变压器油后，两端封闭，水平放置，打开继电器放气阀，并对继电器进行缓慢放油，直至有信号动作输出时，测量放出油的体积值，即为继电器气体容积动作值。

② 重复试验三次，记录继电器各次气体容积动作值。

(5)密封性试验

将继电器充满变压器油，在常温下加压至 0.2 MPa，稳压 20 min 后，检查放气阀、探

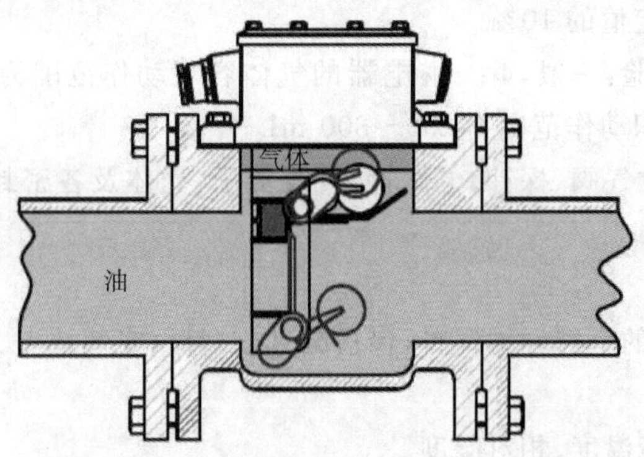

图2-4　继电器气体容积值试验示意图

针、干簧管、出现端子、壳体及各密封处，有无渗漏。

8. 测试注意事项

① 校验时油温为25～40 ℃。

② 检测环境条件：环境温度为0～40 ℃，相对湿度≤75%。

③ 检验装置的测试管路与被测继电器口径相一致。

④ 流速测试校验应采用油流式检验方式，推荐采用准确度等级不低于2.0级的校验装置；也可采用流量计准确度不低于1.0级，其他检验项准确度等级不低于2.0级的检验装置，检验设备应符合有关标准。

⑤ 检验装置的流速范围：Φ25：0.6～4.0 m/s；Φ50：0.6～3.0 m/s；Φ80：0.6～2.0 m/s。

⑥ 检验装置的容积检验范围：0～500 mL。

⑦ 检验装置的密封性能试验参数：0.2 MPa，20 min。

⑧ 耐压测试仪参数：频率为50 Hz，输出电压不低于1000 V。

⑨ 检验装置中所用计量器具均应检定合格。

⑩ 检查检测环境条件是否符合仪器使用要求，检查电源电压，频率是否与检测仪器的要求相符。

⑪ 对需要水平放置的仪器，应置于无振动的水平面上；对需要垂直放置的仪器应垂直放置，不允许倾斜，以免影响测量精确度。

⑫ 在检测过程中，在经过多次测量时，若发现检测数据重复性较差时，应查明原因。在检测中，若发现设备或仪器、仪表损坏时，应立即停止试验，查明原因，经处理后（如改用其他合格仪表）征得现场负责人同意后才可以重新工作，并做好记录。

9. 测试结果分析及测试报告编写

(1)测试结果判定合格标准

① 绝缘强度试验：干簧触点的绝缘电阻不应小于300 MΩ。出线端子对地以及无电气联系的出线端子间进行的工频耐压试验无击穿、无闪络，耐压试验前后测量绝缘电阻应不小于10 MΩ。

② 流速值试验：继电器各次动作值误差不大于±10%整定值，三次测量动作值之间的最大误差不超过整定值的10%。

③ 气体容积值试验：一般，Φ25 继电器的气体容积动作范围为 200～250 mL，Φ50、Φ80 继电器的气体容积动作范围为 250～300 mL。

④ 密封性试验：放气阀、探针、干簧管、出线端子、壳体及各密封处，未出现变压器油渗漏。

(2)测试报告编写

① 受试产品相关的全部详细资料，包括编号或型号、安装地点、变压器容量及冷却方式、供应商名称等。

② 检测环境：环境温度、相对湿度。

③ 检测单位或机构。

④ 工程名称、试验日期。

⑤ 仪器型号及编号。

⑥ 外观检查结果。

⑦ 触电检查结果，包括重瓦斯和轻瓦斯。

⑧ 绝缘试验测试结果，包括触点间和触点对地。

⑨ 密封试验测试结果。

⑩ 重瓦斯的实测值和整定值。

⑪ 轻瓦斯实测值。

2.2　开关类设备专项监督

2.2.1　开关柜绝缘件局部放电试验

1. 试验目的

开关柜绝缘设备在制作过程中会产生气泡或杂质，开关柜内部存在高压导体尖刺、金属颗粒群以及设备制作安装缺陷等会引起电场和电介质的不均匀。持续的局部放电会形成一系列的电脉冲，在放电点的介质上产生很高的温度，使绝缘设备的介质性能劣化，最终使绝缘击穿和闪络，从而导致严重的电弧短路事故。该试验就是为检测被试绝缘件材料和制造上可能出现的缺陷，以保证设备在正常运行条件下不会发生有害的局部放电。

2. 抽检比例

新建、改扩建变电工程，每个工程、每个供应商、每种型号的开关柜(不含充气式)抽取不小于5%的比例进行绝缘件(穿屏套管、静触头盒、绝缘子)局部放电试验。

3. 检测时机及方式

出厂验收阶段或到货验收后随机抽选出厂试验合格的绝缘件。绝缘件局部放电试验为无损试验，试验合格设备仍可用于工程。

4. 危险点分析及控制措施

(1)防止高处坠落

如果需高处作业，应系好安全带。必要时应使用高处作业车，严禁徒手攀爬。

(2)防止高处落物伤人

高处作业应使用工具袋，上下传递物件应用绳索拴牢传递，严禁抛掷。

(3)防止工作人员触电

试验设备外壳应可靠接地，测试前与检修负责人协调，不允许有交叉作业，试验接线应正确、牢固，试验人员应精力集中，注意被试品应与其他设备有足够的安全距离，必要时应加绝缘板等安全措施。

5. 测试前的准备工作

(1)了解被试设备现场情况及试验条件

查勘现场，查阅相关技术资料，掌握检测设备运行及缺陷情况。

(2)测试仪器、设备准备

选择 FY250 工频耐压试验系统、TWPD－2C 多通道数字式局部放电综合分析仪、脉冲校准器、空盒气压表、温(湿)度计、接地线、安全帽、电工常用工具、试验临时安全遮栏、标示牌等，并查阅测试仪器、设备及可能用到的绝缘工器具的检定证书有效期。

(3)做好试验现场安全和技术措施

向其余试验人员交代工作内容、带电部位、现场安全措施、现场作业危险点，明确人员分工及试验程序。

6. 检测标准

Q/GDW 13088.1—2018《12～40.5 kV 高压开关柜采购标准　第 1 部分：通用技术规范》。

7. 测量原理与测试步骤

(1)测量原理

局部放电试验原理如图 2－5 所示。

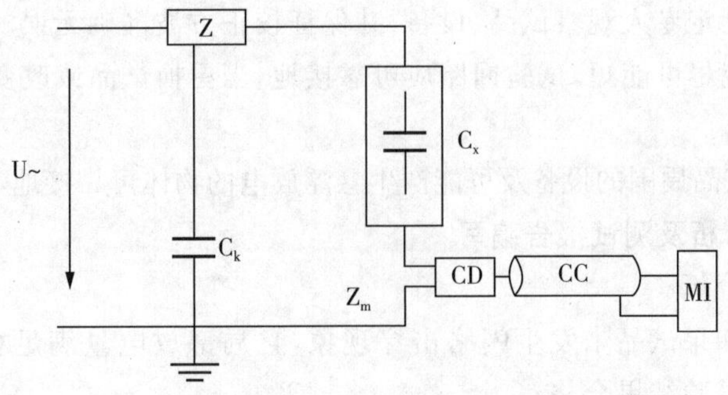

U—高压电源；CC—连接电缆；C_x—试品；CD—耦合装置；

Z—滤波器；Z_m—测量系统的输入阻抗；MI—测量仪器。

图 2－5　局部放电试验原理图

(2)试验步骤

① 试验前,首先验证检查试验设备(工频电压系统):系统接地是否完好、可靠;变压器、分压器、调压器有无漏油、渗油现象;调压器电机是否工作正常;门安全连锁和信号灯是否齐全完整、灵敏、准确。

② 确认试品状态:样品表面均不应存在有害的缺陷,如小孔、裂缝、局部隆起、切口、夹杂导电异物等,以上任意一条不符合,则判该样品为不合格。

③ 检查样品是否受潮,如有则需放入烘箱烘干。

④ 检查样品表面是否有积灰,如有则需用干净的毛巾将样品表面的灰尘擦干净。

⑤ 将被试品安装在自己的支架或与之等效的支架上。

⑥ 按照图 2-5 所示连接好高压引线及接地线。

⑦ 打开局部放电仪,取出校准脉冲发生器进行完整试验回路的校准,校准完后拆下收回校准脉冲发生器,此时背景噪声应低于规定允许局部放电幅值的 50%。

⑧ 关好试区大门,使试区大门上的警示灯红灯亮;确认试区内无任何人员滞留;取下悬挂在试验变压器出线端的接地棒;打开调压器进线电源开关,打开工频试验变压器控制台电源,打"警铃"三声,进入试验状态。

⑨ 按电源合切按钮,按升压按钮,以均匀速度升压,并不断监视电压表读数,电压升到 1.3 Ur 的预加值,且在此值下至少保持 30 s,不考虑在此期间产生的局部放电;然后,连续地将电压降到 1.1 Ur,在此电压下稳定后测量局部放电量并记录。

⑩ 试验电压保持到规定时间后按降压按钮,直至调压器降至零位,按电源分闸按钮,打长铃一声;解除门连锁,挂上接地棒。

⑪ 关闭工频试验变压器控制台电源,关闭调压器进线电源开关,关闭局部放电测试仪试验结束。

⑫ 试验结束后拆除所有接线,清理现场。

8. 测试注意事项

① 确保使用仪器在校准期内,注意分压器二次接地牢固;应注意保持人员及试验线路的安全距离。

② 试验时要指定专人观察试品、设备,并保证校正方波准确无误。

③ 试验引线应尽可能短,试验回路应可靠接地,当更换试品或改变试品任意参数时,必须重新校正。

④ 试验时将试品周围的设备及可能产生悬浮放电的物体可靠接地,尽量远离被试品。

9. 测试结果分析及测试报告编写

(1)测试结果分析

试验过程中,如果试品未发生闪络击穿现象,且局部放电量满足相应产品标准或技术文件的要求,则试验结果合格。

判定合格标准:1.1 Ur 下,单个绝缘件局部放电量≤3pC。

① 波形分析:如果试验过程中出现局部放电现象,可通过波形定位局部放电点。不同位置放电的波形如图 2-6、图 2-7、图 2-8、图 2-9、图 2-10、图 2-11 所示。

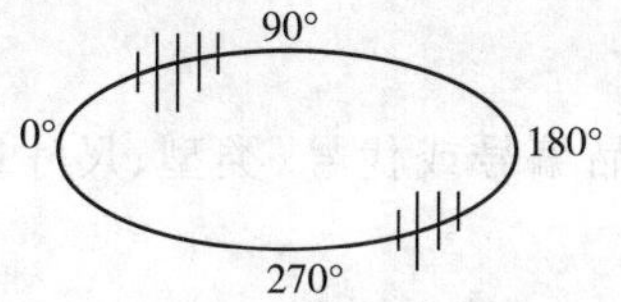

图 2-6　典型的绝缘内部放电波形

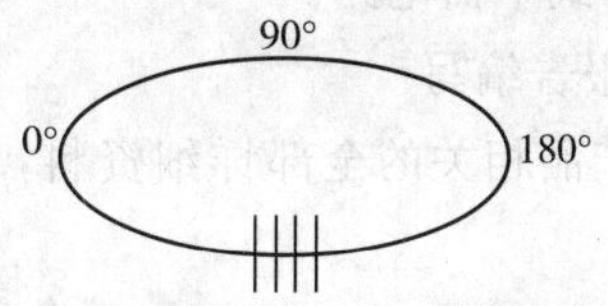

图 2-7　高压端电晕放电波形

（只在负半周出现，幅值相同，间距相等，试验电压增加时，根数增加，幅值不变）

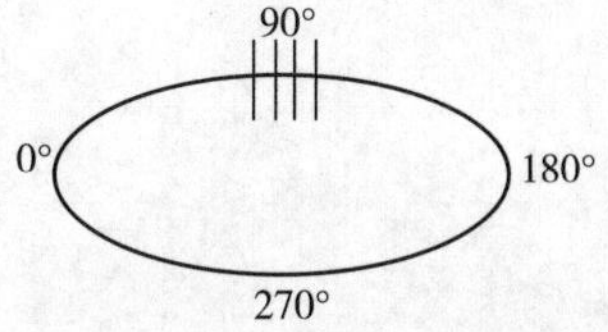

图 2-8　低压端电晕放电波形

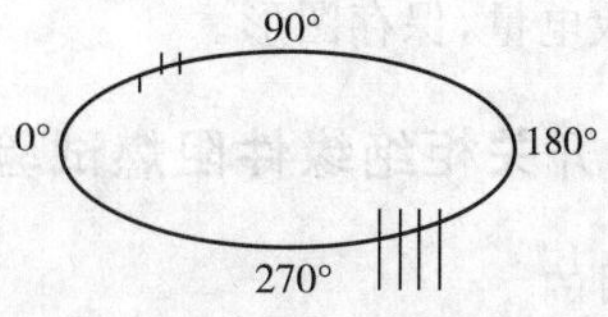

图 2-9　靠近高压侧的绝缘内部放电波形

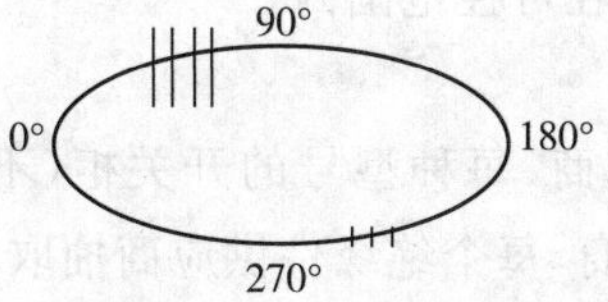

图 2-10　靠近低压侧的绝缘内部放电波形

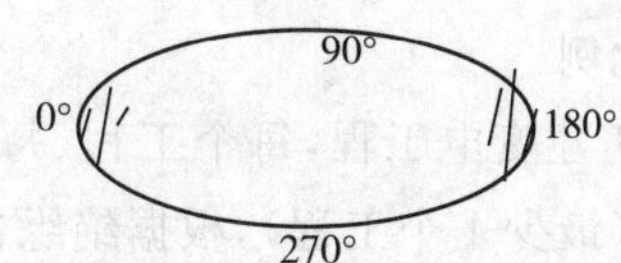

图 2-11　电接触噪音

② 干扰排除：局部放电试验过程中主要存在四种干扰源：高压试验线路中的电晕放电、电源侧干扰、高压电气连接中的放电、空间电磁波干扰。针对这四种干扰，可采用不同的方式进行排除。

A. 高压试验线路中的电晕放电排除步骤：

a. 采用足够直径的高压连线，可考虑采用蛇皮管；

b. 在连接转弯处或突出尖锐部分加金属球或环状的屏蔽罩；

c. 采用局部放电仪器上的开窗功能避开电晕放电波形。

B. 电源侧干扰排除步骤：

a. 采用隔离变压器和低通滤波器；

b. 减少接地回路长度，确保接地良好。

C. 高压电气连接中的放电排除步骤：确保高压连线中不存在接触不良现象，确保试区内不存在悬浮点位的金属物体。

D. 空间电磁波干扰排除步骤：

a. 采取屏蔽措施，如建屏蔽实验室；

b. 对空间固定干扰可开窗滤除；

c. 采用桥式平衡电路。

(2)测试报告编写

① 受试产品相关的全部详细资料，包括产品编号或代号、类型、尺寸以及制造商名称等。

② 检测环境：环境温度、相对湿度。

③ 仪器型号及编号。

④ 试验日期。

⑤ 施加电压，测量电压和时间。

⑥ 局部放电量，保存图形。

2.2.2 开关柜绝缘件阻燃试验

1. 试验目的

开关柜的设计都会考虑着火风险和潜在的着火风险。可以在对元件、电路和产品的设计以及材料的筛选上考虑的是：在正常操作条件下以及在合理可预见的异常使用、故障和失效时，将潜在的着火风险降低到可以接受的水平。该试验是为验证入网设备是否达到所要求的燃烧等级，从而确保设备着火风险在可控范围内。

2. 抽检比例

新建、改扩建变电工程，每个工程、每个供应商、每种型号的开关柜（不含充气式）抽取 5％工程量（最少 1 个工程），根据绝缘件供应商，每个绝缘件供应商抽取不低于 1 件绝缘件（穿屏套管、静触头盒、绝缘子）进行阻燃试验。

3. 检测时机及方式

出厂验收阶段或到货验收后随机抽选出厂试验合格的绝缘件。绝缘件局部放电试验为无损试验，试验合格设备仍可用于工程；绝缘件阻燃性能试验为破坏性试验，抽检试件不可再用于工程。

4. 危险点分析及控制措施

(1)防止高处坠落

如需高处作业，应系好安全带。必要时应使用高处作业车，严禁徒手攀爬。

(2)防止高处落物伤人

高处作业应使用工具袋，上下传递物件应用绳索拴牢传递，严禁抛掷。

(3)防止工作人员触电

试验设备外壳应可靠接地，测试前与检修负责人协调，不允许有交叉作业，试验接线应正确、牢固，试验人员应精力集中，注意被试品应与其他设备有足够的安全距离，必要时应加绝缘板等安全措施。

(4)防止人员烫伤

注意与试验火苗保持安全距离，防止直接接触火苗，做好安全防护措施，避免烫伤。现场要配置满足标准要求的消防器具和应急处理队伍，严禁单独进行试验，操作人员应在专人监护下进行规范操作。

5. 测试前的准备工作

(1)了解被测试设备现场情况及试验条件

查勘现场,查阅相关技术资料,掌握检测设备运行及其缺陷情况。

(2)测试仪器、设备准备

选择水平垂直燃烧测定仪、电热恒温鼓风干燥箱、实验室通风橱/试验箱、实验室燃烧器、支架、计时装置、状态调节箱、量尺、金属网丝、棉垫、温(湿)度计、接地线、安全帽、电工常用工具、试验临时安全遮栏、标示牌等,并查阅测试仪器、设备及可能用到的绝缘工器具的检定证书有效期。

(3)做好试验现场安全和技术措施

向其余试验人员交代工作内容、带电部位、现场安全措施、现场作业危险点,明确人员分工及试验程序。

6. 检测标准

GB/T 5169.16—2017《电工电子产品着火危险试验 第16部分:试验火焰 50 W 水平与垂直火焰试验方法》。

7. 测量原理与测试步骤

(1)测量原理

夹持矩形条状试样的一端,使之呈水平或垂直状态,自由端与规定的试验火焰接触。通过测量支撑的条状试样在规定试验条件下的线性燃烧速率评定其燃烧性能。通过测量垂直支撑的条状云规定试验条件下的余焰和余灼时间(观察材料是否自熄)燃烧颗粒的燃烧程度和滴落情况评定其性能。

(2)试验步骤

① 将穿墙套管、触头盒切条,条状试样尺寸设为:长(125±5)mm,宽(13.0±0.5)mm,厚度不超过13 mm,边缘应平滑,同时倒角半径不超过1.3 mm。

② 两组5根条状试样应在温度(23±2)℃、相对湿度50%±10%的条件下调节至少48 h,一旦从状态调节试验箱中移出,试样应在30 min内完成试验。

③ 两组5根条状试样应在(70±2)℃的空气循环烘箱内老化(168±2)h,然后,在干燥试验箱中至少冷却4 h。一旦从干燥试验箱中移出,试样应在30 min内完成试验。

④ 试样长轴垂直安放,在其上端6 mm长度内夹持,试样下端应位于水平棉垫上方(300±10)mm的位置(如图2-12所示)。

⑤ 将燃烧器放在远离试样的地方,且使燃烧器管的中心轴线垂直,调整燃烧器产生一个50W标准试验火焰。

⑥ 使燃烧器管的中心轴线保持在垂直位置,面对试样宽度,水平方向接近试样。

⑦ 将试验火焰在中心线上施加至试样底边的中点,为此应使燃烧器的顶端在中点下边(10±1)mm。

⑧ 在对试样施加火焰(10±0.5)s后,应立即完全移出燃烧器,使试样不再受到影响,同时启动计时装置开始测定余焰时间t_1。

⑨ 当试样火焰终止时,立即将试验火焰放在试样下方原来的位置上,第二次施加火

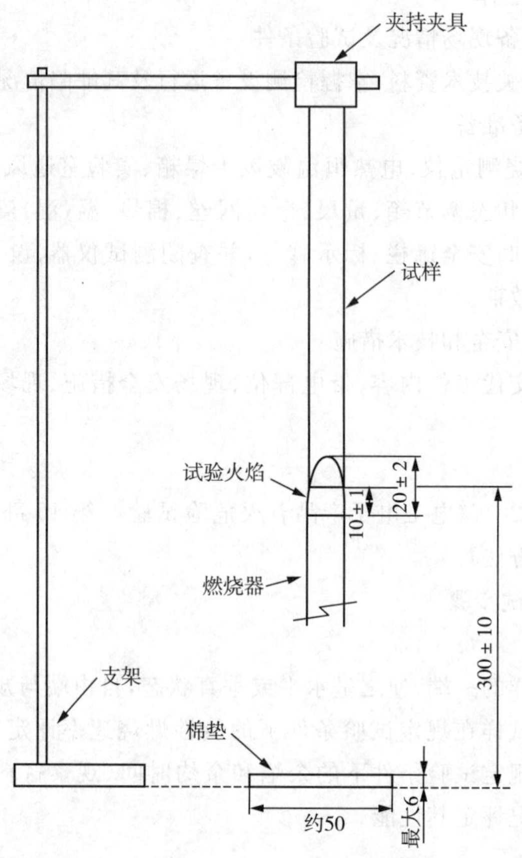

图 2-12　试样安放位置示意图(单位:mm)

焰到试样(10±0.5)s后,立即完全移出燃烧器,使试样不再受到影响,同时启动计时装置,开始测定试样的余焰时间 t_2 和余辉时间 t_3。

⑩ 重复以上步骤,直至一组5个试样试验完毕。

⑪ 一组5个试样中,只要有1个试样不符合一种级别的所有评判标准,就应对做过同样调节处理的另外一组5个试样进行试验。

⑫ 以余焰时间 t_f 的总秒数为评判标准来说,如果余焰时间的总和,V-0级为51~55 s、V-1和V-2级为251~255 s,则可以增补一组5个试样进行试验。第二组的所有试样均应符合该级规定的所有评判标准。

⑬ 如果试样在火焰施加期间产生熔融滴落物,则将燃烧器倾斜至与试样宽边垂直成45°角(如图2-13所示)。使燃烧器刚好能完全从试样下面移开,以免材料落入燃烧器的燃烧管中,同时将燃烧器

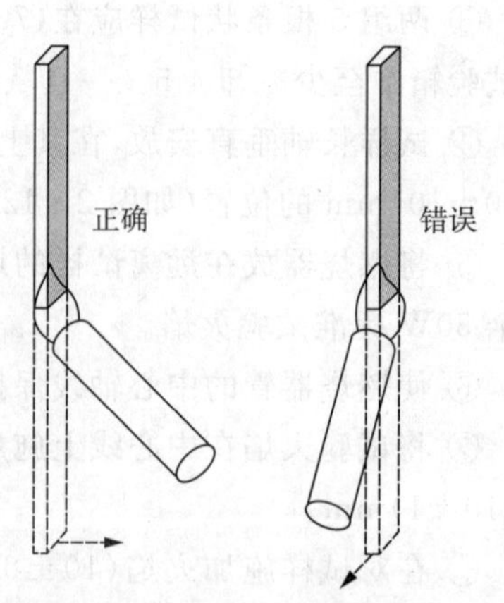

图 2-13　燃烧器倾斜位置示意图

燃烧口的中心与试样剩余主要部分(不计材料熔融流延部分)之间的距离保持为(10±1)mm。

8. 测试注意事项

① 当需改变时,应注意其量程、准确度、电压等级是否符合试验要求。

② 检测用的仪器应按要求放好,且应注意不要受振动的影响。

③ 检查仪表的初始状态,其指示是否正确无误。

④ 检查检测环境条件是否符合仪器使用要求,检查电源电压,频率是否与检测仪器的要求相符。

⑤ 对需要水平放置的仪器,应置于无振动的水平面上;对需要垂直放置的仪器应垂直放置,不允许倾斜,以免影响测量精确度。

⑥ 金属外壳的仪器应稳妥接地,非金属外壳的仪器应置于绝缘台上,仪器的安装置放地应方便查看,且无触及带电部位的危险,需要固定的工件应可靠坚固。对易受磁场干扰的仪器应有屏蔽,对要求严格防电磁干扰的仪器则应置于屏蔽良好的检测室内。

⑦ 在检测过程中,经过多次测量时,若发现检测数据重复性较差,应查明原因。在检测中,若发现设备或仪器、仪表损坏时,应立即停止试验,查明原因,经处理后(如改用其他合格仪表)并征得现场负责人同意后才可以重新工作,并做好记录。

9. 测试结果分析及测试报告编写

(1)测试结果分析

由两种条件处理的各5根试样,采用式(2-5)计算该组的总余焰时间 t_f:

$$t_f=\sum_{i=1}^{5}(t_{1,i}+t_{2,i}) \tag{2-5}$$

式中:t_f—— 总余焰时间,单位为s;

$t_{1,i}$—— 第 i 个试样的第一个余焰时间,单位为s;

$t_{2,i}$—— 第 i 个试样的第二个余焰时间,单位为s。

垂直燃烧分级的评判标准见表2-3所列。

表2-3　垂直燃烧分级的评判标准

评判标准	材料分级		
	V-0	V-1	V-2
单个试样的余焰时间(t_1、t_2)	≤30 s	≤30 s	≤10 s
对于任何处理过的5个试样,总余焰时间 t_f	≤250 s	≤250 s	≤50 s
单个试样在施加了第二次火焰后的余焰时间加上余灼时间(t_2+t_3)	≤60 s	≤60 s	≤30 s
任一试样的余焰和/或余灼是否蔓延至夹持夹具	否	否	否
燃烧颗粒或滴落物是否引燃棉垫	是	否	否

判定合格标准:制样厚度应不大于绝缘件最小厚度,且不超过13 mm;阻燃等级不低

于 V-1 级。

(2)测试报告编写

① 受试产品相关的全部详细资料，包括产品编号或代号，产品颜色以及制造商名称。

② 试样的厚度：

试样厚度≥1.0 mm 的试样，精确至 0.01 mm。

试样厚度<1.0 mm 的试样，精确至 0.001 mm。

③ 标称表观密度(只适用于硬质微孔材料)。

④ 与试样尺寸有关的各向异性的方向。

⑤ 试样状态调节方法。

⑥ 除切割、修整和状态调节外，试验前的所有处理。

⑦ 每个试样单独的 t_1、t_2、t_3 和 t_2+t_3 值。

⑧ 对于经过这两种状态调节的每组 5 个试样的总余焰时间 t_f。

⑨ 记录是否有来自试样的任何颗粒或熔融滴落物，以及它们是否引燃了棉垫。

⑩ 记录是否有任何试样烧到了夹持夹具。

⑪ 联同相关厚度指定等级。

2.2.3 开关柜温升试验

1. 试验目的

开关柜是电力系统中重要的终端执行元件，其运行时的温升现象对电力系统的运行起到了决定性作用。当开关柜的温升超标后，会导致绝缘性能严重下降、接线焊融等现象，进行温升试验可以验证衡量柜体的结构、母排的选择和连接是否合理，降低开关柜运行过程中出现温升超标的可能性。

2. 抽检比例

新建、改扩建变电工程，每个工程、每个供应商、每种型号的开关柜(不含充气式)抽取 1 台进行试验。

3. 检测时机及方式

出厂验收阶段或设备到货后取样送检。该试验为无损试验，试验合格设备仍可用于工程。

4. 危险点分析及控制措施

(1)防止高处坠落

如果需要高处作业，应系好安全带。必要时应使用高处作业车，严禁徒手攀爬。

(2)防止高处落物伤人

高处作业应使用工具袋，上下传递物件应用绳索拴牢传递，严禁抛掷。

(3)防止工作人员触电

试验设备外壳应可靠接地，试验接线应正确、牢固，试验人员应精力集中，注意被试品应与其他设备有足够的安全距离，必要时应加绝缘板等安全措施。

5. 测试前的准备工作

(1)了解被测试设备现场情况及试验条件

查勘现场,查阅相关技术资料和规程规范,掌握开关柜的技术参数和性能指标。

(2)测试仪器、设备准备

选择 TYSZ－500 柱式调压器、YD－3×2300/10 试验变压器、LMZ－0.5 电流互感器、GP20 无纸记录仪、FLUKE 287 万用表、DT－619 风速仪、温(湿)度计、接地线、安全帽、电工常用工具、试验临时安全遮栏、标示牌等,并查阅测试仪器、设备及可能用到的绝缘器具的检定证书有效期。

(3)做好试验现场安全和技术措施

向其余试验人员交代工作内容、带电部位、现场安全措施、现场作业危险点,明确人员分工及试验程序。

6. 检测标准

Q/GDW 13088.1—2018《12～40.5 kV 高压开关柜采购标准　第 1 部分:通用技术规范》。

7. 测量原理与测试步骤

(1)测量原理

对导电回路通入额定电流并持续一段时间,验证开关柜等相关设备的载流能力,测定该阶段的温升。通过测定开关设备和控制设备各部分的温升值是否超过限值评定其性能。试验回路原理如图 2－14 所示。

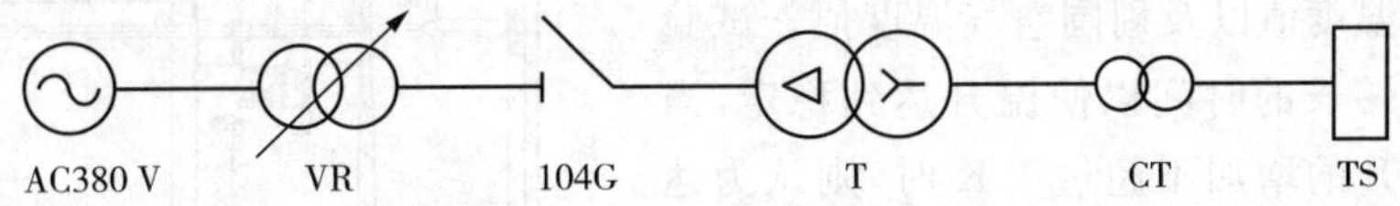

VR—柱式调压器;104G—隔离开关;T—产验变压器;CT—电流互感器;TS—试品。

图 2－14　试验回路原理图

(2)试验步骤

① 将 AC380 电源接入柱式调压器的进线端(A、B、C),柱式调压器的出线端(a、b、c)接入 104G 隔离开关的进线端,104G 隔离开关的出线端接入试验变压器的进线端(A、B、C)。

② 选择与试验电流相匹配的电流互感器,让试验变压器的出线端(a、b、c)通过电流互感器,并利用临时连接线将试验变压器与受试开关设备和控制设备的进线端连接在一起。

③ 受试开关设备和控制设备的试验回路中所有元件应保持在合闸位置或连通状态,不应有断开点,受试开关设备和控制设备的出线端应三相短接。

④ 在电流互感器的二次侧接入电流表或万用表,确定对受试开关设备和控制设备所施加的电流大小。

根据试验电流的大小计算电流互感器二次侧电流大小，具体计算如式(2－6)所示。若电流互感器二次侧接万用表，则万用表直读 ε 的读数。

$$\varepsilon=\frac{1.1\times I_r}{k} \tag{2-6}$$

式中：ε——电流互感器二次侧电流大小，单位为 A；

I_r——受试开关设备和控制设备的额定电流，单位为 A；

k——电流互感器的变比。

若电流互感器二次侧接指针式电流表，则根据 ε 的大小，选择电流表合适的量程(5A 或 2.5A)对应 100 格，再将 ε 的大小乘以 20(或者 40)换算成指针所指示的格数。

⑤ 在试品主回路中需要温度考核的重要的部位应贴上热电偶，热电偶必须与被测部位紧密接触，保证受试部位与热电偶之间具有良好的导热性，具体部位如图 2－15 所示。

⑥ 放置温度计。至少使用 3 只均匀分布在开关设备和控制设备周围，处在载流部件的平均高度上并距开关设备和控制设备 1 m 的温度计来测量周围空气温度。

⑦ 确认试验回路接线无误后，确定柱式调压器处于零位，合上 104G 隔离开关，并将 380 V 交流电源的空气开关合闸，调节柱式调压器，将试验电流调节到 1.1 倍的额定电流。

⑧ 用 GP20 无纸记录仪每小时记录一次考核部位的温度值以及周围空气温度值。试验应该持续足够长的时间以使温升达到稳定，当在 1 h 内温升的增加不超过 1 K 时，则认为达到了稳定状态。

⑨ 温升稳定后，关掉 GP20 无纸记录仪，将柱式调压器归零，同时断开 380 V 交流电源空气开关，并断开 104G 隔离开关，拆除试验用线及热电偶等测量用线。

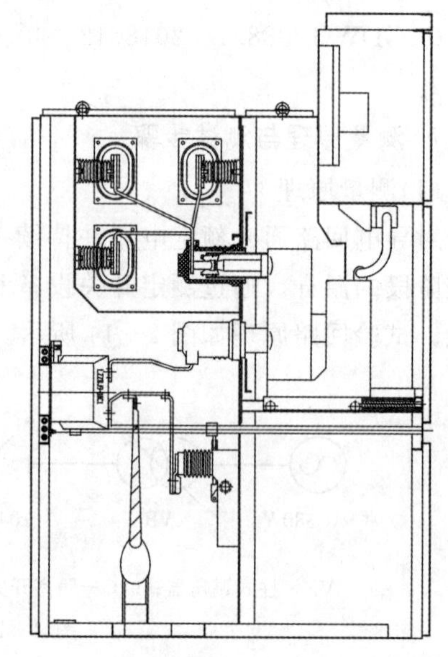

图 2－15　高压开关柜温升测点示意图

8. 测试注意事项

① 试验应在 10～40 ℃环境温度，周围空气流速不超过 0.5 m/s，湿度小于 85％的室内进行。

② 试验应在额定频率下进行，频率允许偏差为＋2％、－5％。

③ 试验环境条件还应符合仪器的使用要求。

④ 被试品及测量仪器必须牢固接地。

⑤ 应该测量主回路进、出线端和距进、出线端 1 m 处的临时连接线的温升。两者温升的差值不应该超过 5 K。临时连接线的类型和尺寸应该记入试验报告。

⑥ 为了避免温度快速变化造成的误差，可以把温度计放入装有 0.5 L 油的小瓶中。

⑦ 试验过程中为保持风速为零，全程应关闭试验室大门。

⑧ 在试验区域设置围栏且悬挂危险标志，禁止非实验人员进入。

⑨ 除辅助设备以外，开关设备和控制设备及其附件的所有重要部分均应安装的和正常运行时一样，包括在正常运行时的所有外罩（例如母排延伸段的外罩），并应防止来自外部的过度加热和冷却。

⑩ 如果开关设备和控制设备按照制造厂的说明书可以安装在不同位置时，温升试验应在最不利的位置上进行。

⑪ 原则上，温升试验应在三极开关设备和控制设备上进行；但是，如果其他极或其他单元的影响可以忽略，试验也可在单极或单元上进行，这是非封闭开关设备的一般情况。对于额定电流不超过 630 A 的三极开关设备和控制设备，可以把三极串联起来进行试验。

⑫ 试验时接到主回路的临时接线应不会明显地将开关设备和控制设备的热量导出或是向开关设备和控制设备传入热量。

9. 测试结果分析及测试报告编写

(1)测试结果分析

$$\tau=\theta_t-\theta_a \tag{2-7}$$

式中：τ——开关设备和控制设备各考核部位的温升值，单位为 K；

θ_t——稳定后各考核部位的温度值，单位为℃；

θ_a——开关设备和控制设备周围空气温度的平均值，单位为℃。

判定准则：当周围空气温度不超过 40 ℃时，开关设备和控制设备各部分的温升值不应超过表 2-4 的温升限值；否则，应该认为开关设备没有通过温升试验。

高压开关设备和控制设备各种部件、材料和绝缘介质的温度值和温升极限见表 2-4 所列。

表 2-4　高压开关设备和控制设备各种部件、材料和绝缘介质的温度值和温升极限

部件、材料和绝缘介质的类别	最大值	
	温度℃	周围空气温度不超过 40 ℃时的温升 K
1　触头		
裸铜或裸铜合金		
——在空气中	75	35
——在 SF_6（六氟化硫）中	105	65
在油中	80	40
镀银或镀镍		
——在空气中	105	65
——在 SF_6 中	105	65

（续表）

部件、材料和绝缘介质的类别	最大值	
	温度℃	周围空气温度不超过40 ℃时的温升 K
——在油中	90	50
镀锡		
——在空气中	90	50
——在 SF_6 中	90	50
——在油中	90	50
2　用螺栓的或与其等效的连接		
裸铜、裸铜合金或裸铝合金		
——在空气中	90	50
——在 SF_6 中	115	75
——在油中	100	60
镀银或镀镍		
——在空气中	115	75
——在 SF_6 中	115	75
——在油中	100	60
镀锡		
——在空气中	105	65
——在 SF_6 中	105	65
——在油中	100	60
3　其他裸金属制成的或有其他镀层的触头或连接		
4　用螺钉或螺栓与外部导体连接的端子		
——裸的	90	50
——镀银、镀镍或镀锡	105	65
——其他镀层		
5　油开关装置用油	90	50
6　用作弹簧的金属零件		
7　绝缘材料以及与下列等级的绝缘材料接触的金属部件		
——Y	90	50
——A	105	65
——E	120	80

（续表）

部件、材料和绝缘介质的类别	最大值	
	温度℃	周围空气温度不超过 40 ℃时的温升 K
——B	130	90
——F	155	115
——瓷漆：油基 合成	100 120	60 80
——H	180	140
——C 其他绝缘材料		
8　除触头外，与油接触的任何金属或绝缘件	100	60
9　可触及的部件		
——在正常操作中可触及的	70	30
——在正常操作中不可触及的	80	40

其中，空气中裸铜接触面的温升限值为 50 K；铜牌镀银后的接触面温升限值为 65 K；真空断路器梅花触指接触面温升限值为 65 K。

(2)测试报告编写

① 受试产品相关的全部详细资料，包括产品编号或型号以及供应商名称等。

② 仪器型号及编号。

③ 检测环境：环境温度、相对湿度、周围风速。

④ 试验日期。

⑤ 试验电流、电流频率、触头压力。

⑥ 测试部位编号或名称及对应的实测温升数据。

2.3　蓄电池性能专项监督

2.3.1　蓄电池性能一致性试验

1. 试验目的

针对新建、改扩建变电工程用阀控式铅酸蓄电池进行性能一致性试验可以保证蓄电池电压在合理范围，有良好的运行状态和合格的放电容量，能够避免未发现和未能预期的蓄电池故障，延长蓄电池的使用寿命，从而保证了发电厂、变电所中直流电源装置的可靠性，也增强了后续蓄电池运行维护人员的安全保障。

2. 抽检比例

新建、改扩建变电工程，每个供应商、每个批次、每种型号蓄电池随机抽取 6 只(同组)。

3. 检测时机及方式

设备到货后取样送检。如遇集中投产，实验室检测能力无法满足投产需求时，在工程现场按照要求开展。该项试验为无损试验，试验合格样品仍可用于工程。

4. 危险点分析及控制措施

(1)防止高处坠落

如需高处作业，应系好安全带。必要时应使用高处作业车，严禁徒手攀爬。

(2)防止高处落物伤人

高处作业应使用工具袋，上下传递物件应用绳索拴牢传递，严禁抛掷。

(3)防止工作人员触电

试验设备外壳应可靠接地，试验接线应正确、牢固，试验人员应精力集中，注意被试品应与其他设备有足够的安全距离，必要时应加绝缘板等安全措施。

5. 测试前的准备工作

(1)了解被试设备现场情况及试验条件

查勘现场，查阅相关技术资料，掌握蓄电池的技术参数和性能指标。

(2)测试仪器、设备准备

选择磅秤、电压内阻测试仪、蓄电池测试系统、计时装置、温(湿)度计接地线、安全帽、电工常用工具、试验临时安全遮栏、标示牌等，并查阅测试仪器、设备及可能用到的绝缘器具的检定证书有效期。

(3)做好试验现场安全和技术措施

向其余试验人员交代工作内容、现场安全措施、现场作业危险点，明确人员分工及试验程序。

6. 检测标准

DL/T 724—2000《电力系统用蓄电池直流电源装置运行与维护技术规程》。

GB/T 19638.1—2014《固定型阀控式铅酸蓄电池　第 1 部分：技术条件》。

DL/T 637—2019《电力用固定型阀控式铅酸蓄电池》。

7. 试验内容及方法

(1)重量一致性试验

用精度不低于±1%的磅秤称量并记录每只蓄电池的重量。

(2)开路端电压一致性

① 试验前，将蓄电池完全充电：在(25±2)℃的环境中，以每单体(2.40±0.01)V(电流 I_{10} A)恒定电压充电至电流值 5 h 内稳定不变。

② 将完全充电的蓄电池组(6 只)在(25±2)℃环境中开路静置 24 h，分别测出每只蓄电池开路端电压(测量点在端子处)，并记录。

(3)容量一致性

① 对 6 只蓄电池分别进行完全充电：在(25±2)℃的环境中，以每单体(2.40±0.01)V

(电流 I_{10} A)的恒定电压充电至电流值 5 h 内稳定不变。

② 对 6 只蓄电池分别进行 10 h 率容量放电试验:将蓄电池接入测试仪,设置放电电流 I_{10} A,放电至单体蓄电池平均电压为 1.8 V 时终止,记录放电开始时每只蓄电池平均表面初始温度 t 及持续放电时间 T,放电期间测量并记录单体蓄电池表面温度,侧记间隔为 1 h。

③ 将 6 只蓄电池按照步骤①的操作再次完全充电,之后串联连接。

④ 将串联蓄电池组接入测试仪,进行 10 h 率容量放电试验:设置放电电流 I_{10} A,放电至其中一只单体蓄电池截止电压 1.8 V 时停止放电,记录蓄电池平均表面温度 t 及持续放电时间 T。

8. 测试注意事项

① 检查仪表的初始状态,其指示是否正确无误。

② 检查检测环境条件是否符合仪器使用要求,检查电源电压,频率是否与检测仪器的要求相符。

③ 在放电过程中,定时对蓄电池测温和外观检查,若蓄电池本体最高温度达到 70 ℃或外形发生明显变化,立即停止试验。

④ 放电过程中,放电电流的波动不得超过规定值的±1%。

⑤ 放电末期要随时测量,以便确定蓄电池放电到终止电压的准确时间。

⑥ 放电结束后,蓄电池需进行完全充电。

9. 测试结果分析及测试报告编写

(1)测试结果分析

① 重量一致性试验

计算单只蓄电池重量与 6 只蓄电池重量平均值的差值。

判定合格标准:单只蓄电池的重量不超过 6 只蓄电池重量平均值的±5%即为合格。

② 开路端电压一致性

计算开路端电压最高值和最低值的差值 ΔU。

判定合格标准:开路端电压最高值与最低值的差值 ΔU 不大于 0.03 V 即为合格。

③ 容量一致性试验

A. 换算至 25℃的放电容量

当放电期间蓄电池平均表面温度不是基准的 25 ℃时,应按式(2-8)、式(2-9)换算成 25℃基准温度时的实际容量 C_a。

$$C_a = \frac{C_t}{1 + \lambda(t - 25)} \tag{2-8}$$

$$C_t = I_{10} \times T \tag{2-9}$$

式中:t——放电过程蓄电池平均表面温度,单位为℃;

C_t——蓄电池平均表面温度为 t℃时实测容量,单位为 A·h;

C_a——基准温度 25 ℃时容量,单位为 A·h;

λ——温度系数，1/℃；C_{10}时 $\lambda=0.006$；

I_{10}——放电电流值，单位为 A；

T——放电持续时间，单位为 h。

B. 计算每只蓄电池容量与蓄电池组容量的差值 ΔC_a

判定合格标准：单只蓄电池容量与串联后蓄电池组（6 只）容量差值不超过±5%即为合格。若超过±5%，不判定不合格，但应保留数据并反馈。

（2）测试报告编写

① 受试产品相关的全部详细资料，包括试件名称、编号及型号、供应商名称等。

② 检测环境：环境温度、相对湿度。

③ 检测单位或机构。

④ 工程名称、试验日期。

⑤ 仪器型号及编号。

⑥ 各蓄电池编号及重量、开路端电压、容量。

2.3.2 蓄电池大电流加速充放电循环寿命试验

1. 试验目的

蓄电池在运行中欠充、过充、过放、环境温度过高等都会使蓄电池的性能劣化，影响蓄电池的使用寿命。通过蓄电池大电流加速充放电循环寿命试验能客观、准确地测出蓄电池的真实容量，筛选出性能不达标准的蓄电池，从而保证直流电源系统运行的可靠性。

2. 抽检比例

抽取参与蓄电池性能一致性试验中最先降至截止电压 1.8 V 的 1 只蓄电池开展大电流加速充放电循环寿命试验。该试验为破坏性试验，用于试验的样品不可再用于工程。

3. 检测时机及方式

试验前，将蓄电池完全充电。试验在（50±1）℃的环境中进行，依据规定的参数进行试验。试验过程中定时对蓄电池测温和外观检查，经过 N 次完整充放电循环后，进行 10 h率容量性能试验。

4. 危险点分析及控制措施

（1）防止高处坠落

如果需要高处作业，应系好安全带。必要时应使用高处作业车，严禁徒手攀爬。

（2）防止高处落物伤人

高处作业应使用工具袋，上下传递物件应用绳索拴牢传递，严禁抛掷。

（3）防止工作人员触电

试验设备外壳应可靠接地，试验接线应正确、牢固，试验人员应精力集中，注意被试品应与其他设备有足够的安全距离，必要时应加绝缘板等安全措施。

5. 测试前的准备工作

（1）了解被试设备现场情况及试验条件

查勘现场，查阅相关技术资料，掌握蓄电池的技术参数和性能指标。

(2)测试仪器、设备准备

选择蓄电池测试系统、电压内阻测试仪、计时装置、温(湿)度计、接地线、安全帽、电工常用工具、试验临时安全遮栏、标示牌等,并查阅测试仪器、设备及可能用到的绝缘器具的检定证书有效期。

(3)做好试验现场安全和技术措施

向其余试验人员交代工作内容、现场安全措施、现场作业危险点,明确人员分工及试验程序。

6. 检测标准

GB/T 19638.1—2014《固定型阀控式铅酸蓄电池　第 1 部分:技术条件》。

7. 试验步骤

① 试验前,将蓄电池完全充电。在(25±2)℃的环境中,以每单体(2.40±0.01)V(电流 I_{10} A)的恒定电压充电至电流值 5 h 内稳定不变时,认为蓄电池已完全充电。

② 设定参数:放电电流 $3I_{10}$ A,放电截止电压 U_b(V)/单体;充电电流 $2.5I_{10}$ A,充电电压为 2.4 V/单体,充电完毕后组成一个充放电循环,记录充电时间 t_0。不同容量蓄电池的充放电参数设定见表 2 - 5 所列。

表 2 - 5　不同容量蓄电池的充放电参数设定

电池容量/(A·h)	200	300	400	500	600	800
放电电流/A	60	90	100	100	100	100
终止电压 U_b/V	1.75	1.75	1.75	1.75	1.75	1.75
充电电流/A	50	75	100	100	100	100
充电电压/V	2.4	2.4	2.4	2.4	2.4	2.4
循环次数/N	15	15	15	15	15	15

③ 再次设定参数:放电电流 $3I_{10}$ A,放电截止电压 U_b(V)/单体;充电电流 2.5 I_{10} A,充电电压为 2.4 V/单体,充电时间 t_0,循环次数;t_0 通过测定第一次循环试验充电时间确定。

④ 经过 15 次循环后,将蓄电池在(25±2)℃的环境中静置 24 h,对蓄电池进行完全充电。

⑤ 进行 10 h 率容量性能试验:用 I_{10} A 的电流放电到单体蓄电池平均电压为1.8 V时终止,记录放电开始时蓄电池平均表面初始温度 t、持续放电时间 T。放电期间测量并记录单体蓄电池的端电压及蓄电池表面温度,测记间隔为 1 h。

⑥ 放电结束后,对蓄电池进行完全充电。

8. 测试注意事项

① 检查仪表的初始状态,其指示是否正确无误。

② 检查检测环境条件是否符合仪器使用要求,检查电源电压,频率是否与检测仪器的要求相符。

③ 试验过程中定时对蓄电池测温和外观检查，若蓄电池本体最高温度达到 70 ℃或外形发生明显变化，立即停止试验。

④ 充电电流（$2.5I_{10}$ A）放电电流（$3I_{10}$ A）限值不超过 100 A。

⑤ 在放电末期要随时测量，以便确定蓄电池放电到终止电压的准确时间。

⑥ 放电过程中，放电电流的波动不得超过规定值的±1%。

9. 测试结果分析及测试报告编写

（1）测试结果分析

计算放电容量 C_a 与额定容量 C_{10} 的比值。计算方法参见 2.3.1 小节中“9. 测试结果分析及测试报告编写”。

判定合格标准：经过 15 次完整大电流加速充放电循环寿命试验后，用 I_{10} A 电流恒流放电，换算 25 ℃的放电容量 C_a 应不低于 $0.8C_{10}$。

（2）测试报告编写

① 受试产品相关的全部详细资料，包括试件名称、编号及型号，供应商名称。

② 检测环境：环境温度、相对湿度。

③ 检测单位或机构、送检或委托单位。

④ 工程名称、试验日期。

⑤ 仪器型号及编号。

⑥ 充电、放电电流值。

⑦ 循环次数及蓄电池状态检查，包括有无异常发热、有无变形、有无渗漏及放电电容量。

2.3.3 蓄电池拆解检查试验

1. 试验目的

蓄电池作为变电站的主要备用电源，是变电站直流电源系统的重要组成部分，其性能稳定性和在放电过程中提供给负载的实际容量对确保电力设备乃至电网安全运行具有十分重要的意义。该试验校验了蓄电池的制造工艺，将潜在的着火风险降低到可以接受的水平，保障了入网蓄电池的性能稳定，并能安全可靠运行。

2. 抽检比例

对经过大电流加速充放电循环寿命试验的单只蓄电池进行拆解检查及槽、盖材料的阻燃能力试验。

3. 检测时机及方式

蓄电池拆解检查为破坏性试验，检查后样品不可再用于工程。

4. 危险点分析及控制措施

（1）防止工作人员触电

试验设备外壳应可靠接地，测试前与检修负责人协调，不允许有交叉作业，试验接线应正确、牢固，试验人员应精力集中，注意被试品应与其他设备有足够的安全距离，必要时应加绝缘板等安全措施。

(2)防止烫伤

注意与试验火苗保持安全距离,防止直接接触火苗,做好安全防护措施,避免烫伤;现场要配置满足标准要求的消防器具和应急处理队伍,严禁单独进行试验,操作人员应在专人监护下进行规范操作。

(3)防止酸性腐蚀

蓄电池拆解作业应在耐腐蚀垫上进行,试验人员应配备防酸服、化学安全防护眼镜、耐酸手套等个人防护用品。现场应备有水源、洗眼器和喷淋装置。

5. 测试前的准备工作

(1)了解被试设备现场情况及试验条件

查勘现场,查阅相关技术资料,掌握蓄电池的技术参数和性能指标。

(2)测试仪器、设备准备

选择实验室通风橱/试验箱、水平垂直燃烧测定仪、电热恒温鼓风干燥箱、实验室燃烧器、环形支架、金属丝网、状态调节箱、支撑架、干燥试验箱、空气循环箱、棉垫、计时装置、温(湿)度计、厚度测量仪器、游标卡尺、直尺、安全阀拆卸工具、耐腐蚀垫、角磨机、钢锯、钳子、锤子、接地线、安全帽、电工常用工具、试验临时安全遮栏、标示牌等,并查阅测试仪器、设备及可能用到的绝缘器具的检定证书有效期。

(3)做好试验现场安全和技术措施

向其余试验人员交代工作内容、现场安全措施、现场作业危险点,明确人员分工及试验程序。

6. 检测标准

GB/T 2408—2008《塑料　燃烧性能的测定水平法和垂直法》。

DL/T 637—2019《电力用固定型阀控式铅酸蓄电池》。

7. 试验内容及方法

(1)拆解前检查

拆解前,对蓄电池外观(壳体是否翘曲、鼓胀或破裂,接线端子是否腐蚀或破损,安全阀是否漏液)进行检查。

(2)拆解后检查

拆解后,对蓄电池内部结构(极板是否断裂或翘曲,隔板是否短缺,极柱与汇流排连接是否断裂,极群是否有异物)进行检查,并对正极板厚度进行测量。具体拆解方法如下:

① 使用安全阀拆卸工具取下安全阀,释放蓄电池内部压力。

② 距蓄电池槽、盖封合处下方 5 mm,使用切割工具小心地沿着蓄电池极板垂直方向,切割蓄电池外壳(切割深度约 7 mm)。

③ 在蓄电池盖上方距离侧面边沿 7 mm,沿着极板平行方向向下切割,如图 2-16(a)和(d)中虚线所示,确保切割工具不接触和伤及蓄电池内部结构,防止发生短路危险。

④ 仔细观察蓄电池极板与壳体侧面的间隙,使用切割工具(角磨机或钢锯)小心地沿着蓄电池极板平行方向切开壳体侧面,如图 2-16(b)中虚线所示。

⑤ 沿着蓄电池槽、盖封合处下方 5 mm 切开蓄电池外壳，在即将切断时，放慢速度，确保切割工具不接触和伤及蓄电池内部结构，防止发生短路危险。

⑥ 用锤子轻轻敲击蓄电池槽，使极群从蓄电池槽中脱出，蓄电池水平放置，使用切割工具（角磨机或钢锯）沿着汇流排和极耳接触面切断汇流排和极耳的连接。

⑦ 将蓄电池极柱、汇流排、正负极板、隔板、槽、盖等分别取出进行检测。

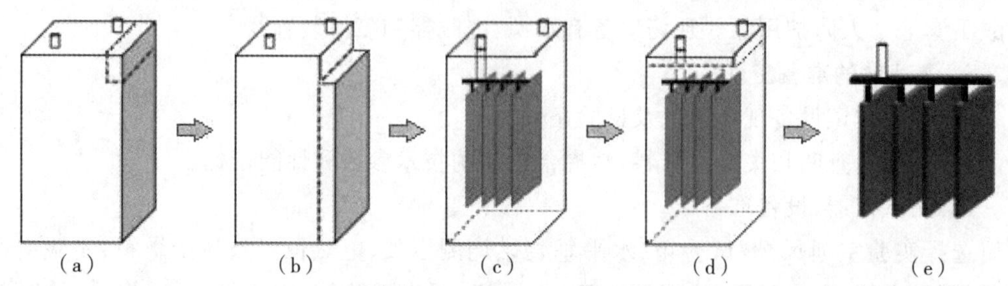

图 2－16　蓄电池拆解过程示意图

(3)阻燃能力测试

对蓄电池槽、盖材料开展垂直燃烧阻燃能力试验，试验方法（方法同开关柜阻燃试验）如下：

① 将蓄电池槽、盖切条，条形试样尺寸应为：长(125±5)mm，宽(13±0.5)mm，厚度不超过 13 mm，边缘应平滑，同时倒角半径不超过 1.3 mm。

② 两组 5 根条状试样应在温度(23±2)℃、相对湿度 50%±10%的条件下调节至少 48 h，一旦从状态调节试验箱中移出，试样应在 30 min 内完成试验。

③ 两组 5 根条状试样应在(70±2)℃的空气循环烘箱内老化(168±2)h，然后在干燥试验箱中至少冷却 4 h。一旦从干燥试验箱中移出，试样应在 30 min 内完成试验。

④ 试样长轴垂直安放，在其上端 6 mm 长度内夹持，试样下端应位于水平棉垫上方(300±10)mm 的位置，如图 2－12 所示。

⑤ 将燃烧器放在远离试样的地方，且使燃烧器管的中心轴线垂直，调整燃烧器产生一个 50 W 标准试验火焰。

⑥ 使燃烧器管的中心轴线保持在垂直位置，面对试样宽度，水平方向接近试样。

⑦ 将试验火焰在中心线上施加至试样底边的中点，为此应使燃烧器的顶端在中点下边(10±1)mm。

⑧ 在对试样施加火焰(10±0.5)s 后，立即完全移出燃烧器使试样不再受到影响，同时启动计时装置开始测定余焰时间 t_1。

⑨ 当试样火焰终止时，立即将试验火焰放在试样下方原来的位置上，第二次施加火焰到试样(10±0.5)s 后，立即完全移出燃烧器以致试样不再受到影响，同时启动计时装置，开始测定试样的余焰时间 t_2 和余辉时间 t_3。

⑩ 重复以上步骤，直至一组 5 个试样试验完毕。

⑪ 一组 5 个试样中，只要有 1 个试样不符合一种级别的所有评判标准，应对做过同

样调节处理的另外一组 5 个试样进行试验。

⑫ 以余焰时间 t_f 的总秒数为评判标准，如果余焰时间的总和，V－0 级为51～55 s、V－1 和 V－2 级为 251～255 s，则可以增补一组 5 个试样进行试验。第二组的所有试样均应符合该级规定的所有评判标准。

⑬ 如果试样在火焰施加期间产生熔融滴落物，则将燃烧器倾斜至与试样宽边垂直成 45°角（如图 2－13 所示），使燃烧器刚好能完全从试样下面移开，以免材料落入燃烧器的燃烧管中，同时将燃烧器燃烧口的中心与试样剩余主要部分（不计材料熔融流延部分）之间的距离保持为（10±1）mm。

8. 测试注意事项

① 蓄电池拆解场地应选择在空间开阔、通风良好的场所，环境温度为（25±5）℃。

② 当需改变时，应注意其量程、准确度、电压等级是否符合试验要求。

③ 检测用的仪器应按要求放好，且应注意不受振动的影响。

④ 检查仪表的初始状态，其指示是否正确无误。

⑤ 检查检测环境条件是否符合仪器使用要求，检查电源电压、频率是否与检测仪器的要求相符。

⑥ 对需水平放置的仪器，应置于无振动的水平面上；对需垂直放置的仪器应垂直放置，不允许倾斜，以免影响测量精确度。

9. 测试结果分析及测试报告编写

（1）测试结果分析

测试结果分析方法参见 2.2.2 小节“9. 测试结果分析及测试报告编写”中的“测试结果分析”方法。

判定合格标准如下。

① 拆解前检查：壳体无翘曲、鼓胀无破裂，接线端子无腐蚀或破损，安全阀无漏液。

② 拆解后检查：极板无断裂或翘曲，隔板无短缺，极柱与汇流排连接无断裂，极群无异物，且正极板厚度不低于 3.5 mm。

③ 阻燃能力测试：蓄电池槽、盖材料阻燃等级达到 V－0 级。

（2）测试报告编写

① 受试产品相关的全部详细资料，包括试件名称、编号、型号以及供应商名称等。

② 检测单位或机构。

③ 工程名称、试验日期。

④ 外壳质量、内部隔板、电解液情况是否符合要求。

⑤ 正负极极板厚度：

试样厚度≥1 mm 的试样，精确至 0.01 mm；试样厚度＜1 mm 的试样，精确至 0.001 mm。

⑥ 拆解情况是否符合要求。

⑦ 槽盖阻燃能力是否符合要求。

2.4 交流盘型悬式瓷绝缘子机电破坏负荷监督

2.4.1 交流盘型悬式瓷绝缘子机电破坏负荷试验

1. 试验目的

交流盘型悬式瓷绝缘子是输电线路使用最广泛的一种绝缘子，其在工作中主要起到固定载流导体，并承担导体的重力和拉力以及确保导体和地之间有良好绝缘的作用，绝缘子不应该在额定的各种机电应力作用下而失效。该试验是为验证入网设备是否达到所要求的最大机电负荷，以确保线路运行的安全与可靠。

2. 抽检比例

35 kV 及以上新建、改扩建输变电工程，每个供应商、每个批次、每种型号交流盘型悬式瓷绝缘子每批次抽样比例：不小于 4 片（$N \leqslant 2000$）、8 片（$2000 < N \leqslant 5000$）、12 片（$5000 < N \leqslant 10000$）。当绝缘子多于 10000 只时，应将它们分成每批由 2000～10000 只绝缘子组成的适当批量数，每批的试验结果应分别进行评价。

3. 检测时机及方式

出厂验收阶段或到货验收后随机抽选出厂试验合格的绝缘子。交流盘型悬式瓷绝缘子机电破坏负荷试验为破坏性试验，抽检试件不可再用于工程。

4. 危险点分析及控制措施

① 防止工作人员触电。

② 试验设备外壳应可靠接地，试验接线应正确、牢固，试验人员应精力集中，注意被试品应与其他设备有足够的安全距离，必要时应加绝缘板等安全措施。

5. 测试前的准备工作

(1)了解被测试设备现场情况及试验条件

查勘现场，查阅相关技术资料，掌握测试方法及注意事项。

(2)测试仪器、设备准备

选择拉力负荷试验机、工频试验装置、高压电压表、接地线、安全帽、电工常用工具、试验临时安全遮栏、标示牌等，并查阅测试仪器、设备及可能用到的绝缘器具的检定证书有效期。

主要试验设备见表 2-6 所列。

表 2-6 主要试验设备

序号	名称	精度及量程要求	单位	数量	是否需要计量
1	立式拉力试验机	1 级；0～1000 kN	台	1	是
2	工频试验装置	≤100 kV	台	1	否
3	高压电压表	精度 AC 1.0；≤100 kV	台	1	是

(3)做好试验现场安全和技术措施

向其余试验人员交代工作内容、带电部位、现场安全措施、现场作业危险点，明确人员分工及试验程序。

6. 检测标准

GB/T 1001.1—2003《标称电压高于 1000V 的架空线路绝缘子 第 1 部分：交流系统用瓷或玻璃绝缘子元件——定义、试验方法和判定准则》。

7. 测量原理与试验步骤

(1)测量原理

绝缘子串元件应逐个施加工频电压，并同时在金属附件之间施加拉伸负荷。施加的电压应等于标准短串规定的工频湿耐受电压值除以标准短串元件数。拉伸负荷应平稳、迅速地从零增加到约为规定机电破坏负荷的 75%，然后以每分钟 100%～35%规定机电破坏负荷的速度(相当于在 15～45 s 时间内达到规定的机电破坏负荷)逐步增加至试品破坏(能观察得到明显破坏现象、击穿或试验机负荷指示值不再升高)为止，此时的负荷值为试品的机电破坏负荷。

(2)试验步骤

① 确保高压部分接地牢固。

② 选择跟试品配套的连接工装和陪试，并与机电破坏负荷试验机连接牢固。

③ 高压输出部分与陪试连接牢固。

④ 按照试验原理及试品技术参数设定试验参数。

⑤ 按照试品运行时的连接方式连接试品与陪试，试品与拉伸机构。

试品布局如图 2 - 17 所示。

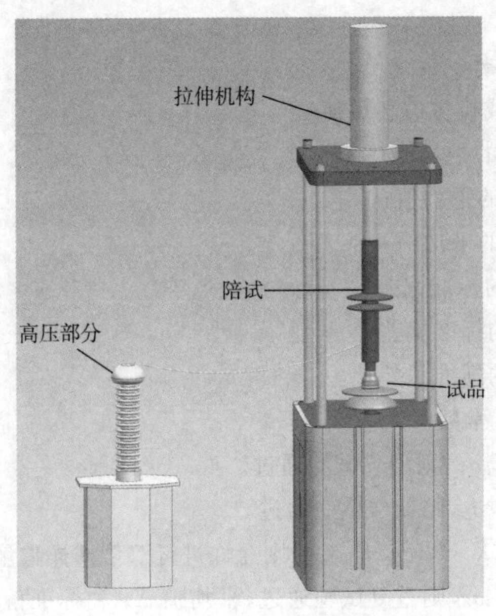

图 2 - 17 试品布局图

⑥ 单击测试按钮开始试验。

⑦ 重复步骤④和步骤⑤直至所有试品完成该项试验。

⑧ 数据处理分析。测试模拟如图 2－18 所示。

图 2－18　测试模拟图

8. 测试注意事项

① 当需改变时，应注意其量程、准确度、电压等级是否符合试验要求。

② 检测用的仪器应按要求放好，且应注意不受振动的影响。

③ 检查仪表的初始状态，其指示是否正确无误。

④ 检查检测环境条件是否符合仪器使用要求，检查电源电压是否与检测仪器的要求相符。

⑤ 对需要水平放置的仪器，应置于无振动的水平面上；对需要垂直放置的仪器应垂直放置，不允许倾斜，以免影响测量精确度。

⑥ 金属外壳的仪器应稳妥接地，非金属外壳的仪器应置于绝缘台上，仪器的安装置放地应方便查看，且无触及带电部位的危险，需固定的工件应可靠坚固。对易受磁场干扰的仪器应有屏蔽，对要求严格防电磁干扰的仪器则应置于屏蔽良好的检测室内。

⑦ 在检测过程中，在经过多次测量时，若发现检测数据重复性较差时，应查明原因。在检测中，若发现设备或仪器、仪表损坏时，应立即停止试验，查明原因，经处理（如改用其他合格仪表）并征得现场负责人同意后才可以重新工作，并做好记录。

9. 测试结果分析及测试报告编写

(1)测试结果分析

计算时使用下列符号。

SFL：规定的机电或机械破坏负荷；

$\overline{X}_T$：型式试验结果的平均值；

$\overline{X}_1$：抽样试验结果的平均值；

$\overline{X}_2$：重复试验结果的平均值；

σ_T：型式试验结果的标准偏差；

σ_1：抽样试验结果的标准偏差；

σ_2：重复试验结果的标准偏差；

C_0, C_1, C_2, C_3：判定常数。

如果 $\overline{X}_T \geqslant SFL + C_0\sigma_T$，则型式试验通过。

如果 $\overline{X}_1 \geqslant SFL + C_1\sigma_2$，则抽样试验通过。

如果 $SFL + C_2\sigma_1 \leqslant \overline{X}_1 < SFL + C_1\sigma_2$，则允许进行双倍抽样数量的重复试验。

如果 $\overline{X}_2 \geqslant SFL + C_3\sigma_2$，则重复试验通过，平均值 $\overline{X}_2$ 和标准偏差 σ_2 仅从重复试验结果计算中得到。

如果重复试验没有通过，则认为该批不符合标准，为了找出不合格的原因，应进行调查分析（当一批已分成若干小批时，如果小批中有一批不合格，则调研可以扩大到其他批）。测试结果见表 2－7 所列。

表 2－7 测试结果

常数	样本容量（EI）		
	4	8	12
C_1	1	1.42	1.7
C_2	0.8	1.2	1.5
C_3	1	1.42	1.7

（2）测试报告编写

① 受试产品相关的全部详细资料，包括产品编号或代号，产品颜色以及制造商名称等。

② 样品的破坏负荷及破坏形式。

③ 数据判定值。

2.5 配电类产品性能专项监督

2.5.1 配电变压器温升试验

1. 试验目的

配电变压器是配电网的关键设备，配电变压器性能直接关系到电网安全稳定运行与台区供电可靠性。其中，配电变压器温升试验是检验规定状态下变压器有无局部过热；确定变压器在工作运行状态及超铭牌负载运行状态下的热状态及其有关参数。

2. 抽检比例

每个供应商、每个批次、每种型号 10 kV 配电变压器，自行确定抽检比例（不低于 5%）。年度交货数量不足 4000 台的按 5%的比例进行抽检，年度交货数量超过 4000 台的抽检总数量不少于 200 台。

3. 检测时机及方式

设备到货后取样送检。该试验为无损试验，试验合格设备仍可用于工程。

4. 危险点分析及控制措施

① 防止工作人员触电。

② 试验设备外壳应可靠接地，测试前与检修负责人协调，不允许有交叉作业，试验接线应正确、牢固，试验人员应精力集中，注意被试品应与其他设备有足够的安全距离，必要时应加绝缘板等安全措施。

5. 测试前的准备工作

(1)确定被测试设备参数及现场情况

① 油浸式变压器温升试验要求

变压器温升试验前,应对变压器进行试验分接下的绕组电阻测量。应进行变压器空载损耗测量,试验分接下的负载损耗测量,计算得出变压器总损耗。

被测试设备绝缘油应填充到合适位置;被测试设备周围不得有墙壁、热源、堆积物及外来辐射气流等干扰;被测试品油箱应可靠接地;对装有放气塞的套管升高座、低压接线盒、套管、冷却系统及有载分接开关均应放气,直到溢油为止;应确认油泵、风机旋转方向是否正确;应确认分接开关的位置是否正确;应布置温度传感器。

② 干式变压器温升试验要求:三相变压器的温升应使用三相电源进行。在试品周围2～3 m处不得有墙壁、热源、杂物堆积及外来辐射气流等干扰,室内可有自然的通风,但不应引起显著的空气回流。

(2)测试仪器、设备准备

选择电压互感器和电流互感器(不低于0.2级)、功率分析仪或类似仪器(不低于0.5级)、温度测试仪(测量偏差不大于±0.5 ℃)、直流电阻测试仪(不低于0.2级)等,并查阅测试仪器、设备及可能用到的绝缘器具的检定证书有效期。

(3)做好试验现场安全和技术措施

向其余试验人员交代工作内容、带电部位、现场安全措施、现场作业危险点,明确人员分工及试验程序。

6. 检测标准

油浸式变压器温升检测标准:GB/T 1094.2—2013《电力变压器　第2部分:液浸式变压器的温升》。

干式变压器温升检测标准:GB/T 1094.11—2022《电力变压器　第11部分:干式变压器》。

7. 测量原理与试验步骤

(1)测量原理

测定稳态温升的标准方法是采用短路接线的等效试验方法,其原理是利用变压器短路产生损耗来进行温升试验。此外,还可以采用直接负载法和相互负载法进行测试。本书只讨论用短路接线法进行测试的情形。

(2)油浸式变压器温升试验步骤

① 按图2-19所示进行试验接线,温升试验一般在样品的高压侧进行。将电源输出与变压器高压侧A、B、C三相可靠连接。变压器低压侧a、b、c短接。

② 试验前对被测试品进行可靠接地并充分放电,确保油位符合位置要求,同时将被测试品置于额定档位并充分放气。

③ 测量冷态直流电阻,高压侧和低压侧同时测量一个线电压直流电阻,如AB、ab同时测量,并记录油顶层温度。

④ 环境的温度探头应分布在被测试品周围,距离油箱或冷却表面2 m处,油杯应位

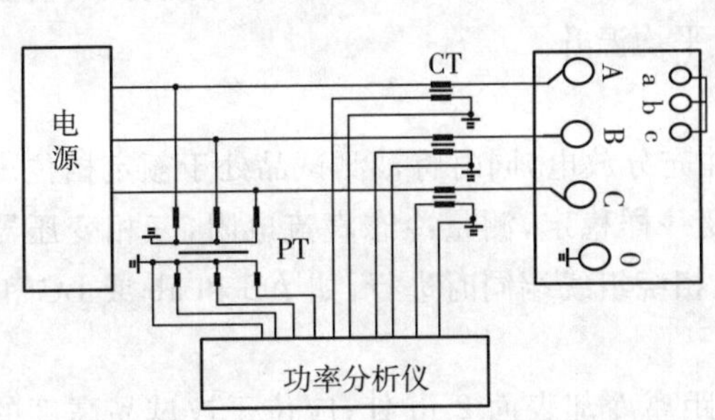

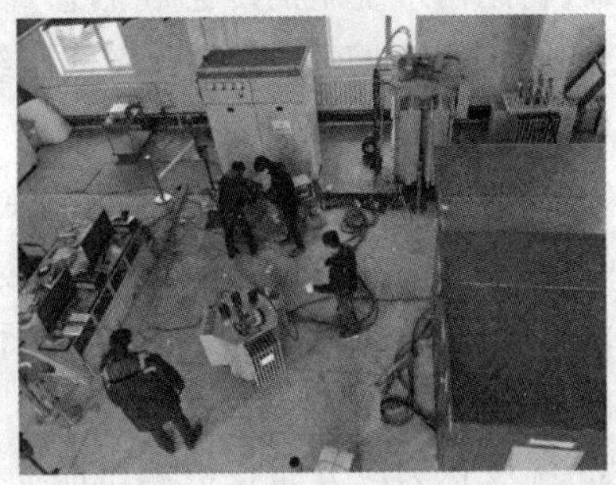

图 2-19　试验接线

于油箱高度的一半；油顶层温度探头放在油箱顶部的管柱中；液体温度探头放置在高压侧和低压侧散热片上，位置推荐在 B 相附近的散热片的进口和出口处；总计环境探头 4 个，油顶层探头 1 个，液体温度探头 4 个，共 9 个温度探头。环境的温度探头分布如图 2-20 所示。

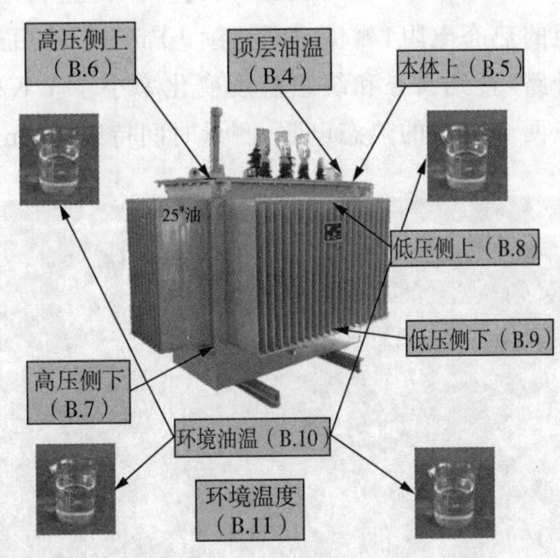

图 2-20　环境的温度探头分布

⑤ 进行被测试品接线，并记录环境温湿度。采取短路法试验，测试夹子对应接在高压侧三相，低压侧短路。

⑥ 试验第一阶段：施加总损耗。每 30 min 记录顶层液体、冷却介质和周围环境的探头温度，当顶层液体温升的变化率小于 1 K/h 并至少维持 3 h 时，可持续进入试验第二阶段。

⑦ 试验第二阶段：将试验电流降至额定电流，至少每隔 5 min 记录顶层液体、冷却介质和周围环境的探头温度。施加额定电流持续 1 h 后，应迅速切断电源并打开低压短路接线，同时测量两个绕组的热态电阻，测量时间持续 10 min。

⑧ 试验结束，对被测试品进行充分放电接地后，拆除接线。

⑨ 利用两个绕组的冷态和热态直流电阻值，拟合出高低压绕组平均温度图，按温升计算公式计算出油顶层温升和高低压绕组平均温升。

(3)干式变压器温升试验步骤

① 试验前对被测试品进行可靠接地并充分放电，同时将被测试品处于额定档位。

② 被测试品温度应与实验室环境温度一样稳定，测量冷态直流电阻，三相变压器绕组直流电阻值的测量应在一个中间相和边相绕组线端同时进行，如 AB 和 ab 或 BC 和 bc 同时测量，并记录被测试品线圈温度。

③ 温度探头应分布在被测试品周围，距离冷却表面 2 m 处；应位于被试品高度的一半，数量建议为四周各放 1 个，共放 4 个。

④ 进行被测试品接线，并记录环境温湿度。采取模拟负载法，温升值是通过短路试验（提供负载损耗）和空载试验（提供空载损耗）（试验接线同空载接线和负载接线）的组合来确定的。

温升试验程序有下面两种方法。

方法一：先进行短路试验，高压侧施加额定电流，低压侧短接，直到铁心和绕组（取点如图 2－21 所示）温度变化率小于 1 K/h 并至少维持 3 h，迅速切断电源并打开低压短路接线，同时测量两个绕组的热态电阻，测量时间持续 10 min。然后进行空载试验，低压侧施加额定电压，高压侧开路，直到铁心和绕组温度变化率小于 1 K/h 并至少维持 3 h，应迅速切断电源，同时测量两个绕组的热态电阻，测量时间持续 10 min。

图 2－21　方法一取点示意图

方法二：先进行空载试验，直到铁心和绕组温度达到稳定为止，然后进行短路试验，直到铁心和绕组温度达到稳定为止。

⑤ 试验结束，对被测试品进行充分放电接地后，拆除接线。

⑥ 利用两个绕组的冷态和热态直流电阻值，分别拟合出空载试验和负载试验下的高低压绕组平均温度图，按温升计算公式计算出空载试验和负载试验下高低压绕组平均温升，并组合计算出高低压绕组总平均温升。

8. 测试注意事项

① 温升试验过程中，应避免阳光直晒、空气流通等影响被测试品和环境温度的因素。

② 油变测量冷态直流电阻时，应注意油顶层温度记录的准确性，探头需浸置充分；干

变测量冷态直流电阻时，应注意线圈温度记录的准确性。

③ 油变温度探头布置需严格按照 GB/T 1094.2—2013《电力变压器　第 2 部分：液浸式变压器的温升》中规定，推荐环境温度采用冷却介质均匀布置 4 个，高低压两侧中间相（B 相）散热片内侧进出口处各布置 1 个，油顶层布置 1 个，共计至少 9 个；干变温度探头布置需严格按照 GB/T 1094.11—2022《电力变压器　第 11 部分：干式变压器》中规定，推荐冷却介质均匀布置 4 个，中间相低压绕组空气间隙中布置 1 个，铁心顶部布置 1 个，总共至少 6 个。

④ 建议从电源断开到测得第一个有效热电阻的时间不宜超过 2 min。电源断开瞬间绕组温度和冷却曲线的数值外推过程采用计算机程序来进行，以使这组温度读数数值拟合成一个解析函数估算出绕组的平均温度值。更详细的内容见 GB/T 1094.2—2013《电力变压器　第 2 部分：液浸式变压器的温升》的附录 B。典型的计算机程序外推冷却曲线如图 2－22 所示。

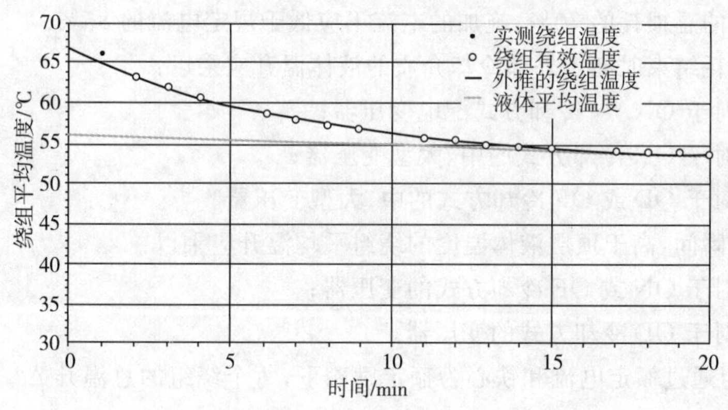

图 2－22　典型的计算机程序外推冷却曲线

⑤ 油变温升计算需严格按照 GB/T 1094.2—2013《电力变压器　第 2 部分：液浸式变压器的温升》中规定；干变温升计算需严格按照 GB/T 1094.11—2022《电力变压器　第 11 部分：干式变压器》中规定。

⑥ 顶层液体温升按式（2－10）计算：

$$\Delta\theta_o = \theta_o - \theta_a \tag{2-10}$$

式中：$\Delta\theta_o$—— 顶层液体温升；

θ_o—— 施加总损耗结束时测得的顶层液体温度；

θ_a—— 施加总损耗结束时测得的外部冷却介质温度。

液体平均温升的计算按式（2－11）计算：

$$\Delta\theta_{om} = \theta_{om} - \theta_a \tag{2-11}$$

式中：$\Delta\theta_{om}$—— 液体平均温升；

θ_{om}—— 施加总损耗结束时计算的液体平均温度；

θ_a—— 施加总损耗结束时测得的外部冷却介质温度。

根据测量绕组的电阻值,可按式(2-12)计算绕组平均温度:

$$\theta_2=\frac{R_2}{R_1}(235+\theta_1)-235\quad(\text{对于铜})$$
$$\theta_2=\frac{R_2}{R_1}(225+\theta_1)-225\quad(\text{对于铝})\tag{2-12}$$

式中:θ_1—— 稳定的环境温度下的绕组温度;

θ_2—— 电源断开瞬间的绕组平均温度;

R_1—— 稳定环境温度下的绕组电阻值;

R_2—— 用断开电源后测得的绕组电阻值并外推到断开电源瞬间的绕组电阻值。

⑦ 温升修正:若不能施加规定的总损耗或电流,则其测试结果应按下列规定进行修正。修正的有效范围:施加的总损耗与规定的总损耗之差在±20%之内;施加的电流与规定的电流之差在±10%之内。通过协商,也可扩大修正的适用范围。但施加的总损耗不应低于规定的总损耗的70%;施加的电流不应低于规定电流的85%。

施加总损耗结束时高于外部冷却介质的液体温升应乘以:

$x=0.8$,对于ONAN冷却方式配电变压器;

$x=0.9$,对于ON冷却方式的中、大型变压器;

$x=1.0$,对于OD或OF冷却方式的中、大型变压器。

电源断开瞬间,高于顶层液体温度的绕组平均温升应乘以:

$y=1.6$,对于ON或OF冷却方式的变压器;

$y=2.0$,对于OD冷却方式的变压器。

⑧ 在绕组通过额定电流和铁心为额定励磁下,每个绕组的总温升$\Delta\theta_c{}'$按式(2-13)来计算:

$$\Delta\theta_c{}'=\Delta\theta_c\left[1+\left(\frac{\Delta\theta_e}{\Delta\theta_c}\right)^{\frac{1}{K_1}}\right]^{K_1}\tag{2-13}$$

式中:$\Delta\theta_c{}'$—— 绕组总温升;

$\Delta\theta_c$—— 短路试验下的绕组温升;

$\Delta\theta_e$—— 空载试验下的绕组温升;

K_1—— 对于自冷式为0.8,对于风冷式为0.9。

采用直接负载法使试品铁心达到额定励磁、绕组达到额定负载时,绕组温升按式(2-14)来计算:

$$\Delta\theta=\frac{R_2}{R_1}(T+\theta_1)-(T+\theta_2)\tag{2-14}$$

式中:$\Delta\theta$—— 对空气的温升,单位为K;

R_1—— 绕组的冷态电阻,单位为Ω;

R_2—— 电源切断瞬间的电阻,单位为Ω;

θ_2—— 试验最后1 h内空气的平均温度,单位为℃。

当试品铁心达到额定励磁、绕组电流达到 90% 及以上额定电流时，温升按式（2-15）来计算：

$$\Delta\theta = \Delta\theta_t \left(\frac{I_r}{I_t}\right)^q \tag{2-15}$$

式中：$\Delta\theta_t$—— 负载电流为 I_t 时绕组对空气的温升，单位为 K；

I_r—— 额定电流，单位为 A；

q—— 空气自冷（AN）为 1.6、风冷（AF）为 1.8。

9. 测试结果分析及测试报告编写

（1）测试结果分析

油浸式变压器温升限值见表 2-7 所列，干式变压器温升限值见表 2-8 所列。若技术规范书有更高的要求，则取技术规范书中的限值要求。

表 2-7　油浸式变压器温升限值

要求	温升限值/K
顶层绝缘液体	60
绕组平均（用电阻法测量） ——ON 及 OF 冷却方式 ——OD 冷却方式	 65 70
绕组热点	78

表 2-8　干式变压器温升限值

绝缘系统温度/℃	额定电流下的绕组平均温升限值/K
105(A)	60
120(E)	75
130(B)	80
155(F)	100
180(H)	125

判定合格标准：油浸式变压器温升值结果若超过表 2-7 规定的数值，则判定为不合格；干式变压器温升值结果若超过表 2-8 规定的数值，则判定为不合格。

（2）测试报告编写

测试报告应包含受试产品相关的全部详细资料，包括产品编号或代号、试验日期、环境温湿度、试品型号、额定电压、额定容量、连接组编号，以及制造商名称等。

2.5.2　配电变压器短路承受能力试验

1. 试验目的

变压器在运行过程中，除了可能遭受各种过电压的作用，还有可能受到短路电流的冲击。例如，变压器正常运行时，二次侧低压侧突然发生短路故障，绕组中将出现很大的过电流。在短路电流的作用下，一方面变压器各部分会产生巨大的电动力；另一方面变压器绕组温度会迅速升高，尽管该过程持续时间很短，但却是对变压器承受短路的动稳定能力和耐热能力的一个严峻考验。短路承受能力试验是变压器在强电流作用下的机械强度耐受试验，是对变压器制造的综合技术能力和工艺水平的一种考核。

2. 抽检比例

每个供应商、每个批次、每种型号 10 kV 配电变压器，自行确定抽检比例（不少于 1 台），对年度供货量大于 500 台的供应商，抽检样品不少于 3 台。

3. 检测时机及方式

设备到货后取样送检。配电变压器短路承受能力试验为无损试验，试验合格设备仍可用于工程。

4. 危险点分析及控制措施

① 防止工作人员触电。

② 在拆、接试验接地线前，应将被试设备对地充分放电；在充、放电过程中，严禁人员触及变压器套管金属部分；测量引线要连接正确、牢固，试验仪器的金属外壳应可靠接地。试验现场应设专用围栏，测试前与检修负责人协调，不允许有交叉作业，试验人员应精力集中，注意被试品应与其他设备有足够的安全距离。

5. 测试前的准备工作

① 吊芯检查，对绕组、铁芯、引线的位置、垫块的垂直度和端部绝缘件外形位置划线标注、拍照，以便对试验前和试验后变压器内部各部分做准确比较。

② 装配，安装出线套管，保护用的附件，如气体继电器及压力释放阀装置应安装在变压器上。

③ 按工艺要求，进行抽真空、注油，达到静放时间后进行试验。

④ 按 GB 1094.1—2013《电力变压器　第 1 部分：总则》的规定进行例行试验，但在此阶段中，不要求做雷电冲击试验。

⑤ 短路试验开始时，绕组的平均温度宜为 10～40 ℃。

⑥ 试验前还应精确测量被试一对绕组试验分接的电抗值，重复测量电抗的误差应在±0.2%以内；有条件时，可进行绕组频谱分析测量。

⑦ 测试仪器、设备准备。

选择试验电源（承受短路的能力冲击发电机/电网电源）、阻抗测试仪、温（湿）度计、接地线、安全帽、电工常用工具、试验临时安全遮栏、标示牌等，并查阅测试仪器、设备及可能用到的绝缘器具的检定证书有效期。

其中，承受短路的能力冲击发电机如图 2-23 所示。

⑧ 做好试验现场安全和技术措施

向试验人员交代工作内容、带电部位、现场安全措施、现场作业危险点，明确人员分工及试验程序。

6. 检测标准

按照 GB 1094.5—2008《电力变压器　第 5 部分：承受短路的能力》的要求进行。配

图 2-23　承受短路的能力冲击发电机

电变压器承受短路能力试验报告参考模板详见 GB 1094.5—2008《电力变压器　第 5 部分：承受短路的能力》的附录 14。

7. 测量原理与试验步骤

(1)测量原理

短路承受能力试验是对配电变压器投以运行中较严酷的短路故障，即系统容量足够大(见 GB 1094.5—2008《电力变压器　第 5 部分：承受短路的能力》的规定)、负载阻抗为零，而且在电压过零时获得非对称电流，对变压器绕组、分接开关、套管、引线及各机械紧固部件将承受来自短路电流所产生的巨大的动稳定效应与热效应进行考核，从而验证配电变压器结构的合理性与运行的可靠性。本书中的短路承受能力试验主要是考核其承受短路的动稳定能力。

由于常见的配电变压器为三相且具有两个独立绕组，属于标准中规定的Ⅰ类变压器(额定容量 25～2500 kV·A)，根据标准要求，这种类型的变压器通常只考虑三相短路试验，这种考虑实质上能充分满足其他可能在内的故障类型，而实验室能方便地提供三相电源，因此试验回路接线选取的短路故障类型为三相短路。对双绕组变压器和不带第三绕组的自耦变压器，二次侧(低压侧)的短路能更好地反映系统的短路故障状态，因而应优先考虑二次侧(低压侧)短路。

(2)承受短路能力的短路电流的计算

对于具有两个独立绕组的三相变压器，对称短路电流方均根值 I 应按式(2-16)计算：

$$I=\frac{U}{\sqrt{3}\times(Z_{t}+Z_{S})} \tag{2-16}$$

式中：I—— 对称短路电流的方均根值，单位为 kA；

Z_S—— 系统短路阻抗，单位为 Ω(等值星形联结)，按式(2-17)计算：

$$Z_S=\frac{U_S^2}{S} \tag{2-17}$$

式中：U_S—— 标称系统电压，单位为 kV；

S—— 系统短路视在容量,单位为 MV·A。

U_S、U_m、S 取值见表 2-9 所列。

表 2-9　U_S、U_m、S 的取值

U_S/kV	U_m/kV	S/MV·A
6、10、20	7.2、12、24	500

U 和 Z_t 按以下规定:

① 主分接

U—— 所考虑绕组的额定电压 U_r,单位为 kV;

Z_t—— 折算到所考虑绕组的变压器的短路阻抗,单位为 Ω(等值星形联结),按式(2-18)计算:

$$Z_t = \frac{z_t \times U_r^2}{100 S_r} \tag{2-18}$$

式中:z_t—— 在参考温度、额定电流和额定频率下所测出的主分接短路阻抗,用 % 表示;

S_r—— 变压器的额定容量,单位为 MV·A。

② 除主分接外的其他分接

U—— 所考虑绕组在相应分接的电压,单位为 kV;

Z_t—— 折算到所考虑绕组在相应分接的短路阻抗,单位为 Ω(等值星形联结)。

非对称试验电流的第一个峰值(kA),按式(2-19)计算:

$$i = I \times k \times \sqrt{2} \tag{2-19}$$

系数 $k\times\sqrt{2}$(或称峰值因数)与 X/R 有关,其中:X 为变压器电抗与系统电抗之和($X_t + X_s$),R 为变压器电阻与系统电阻之和($R_t + R_s$)。

在短路电流计算中,若包括了系统短路阻抗,如无另行规定,应假定系统的 X_s/R_s 值等于变压器的 X_t/R_t 值,峰值因数值按式(2-20)计算:

$$k \times \sqrt{2} = \{1 + [e^{-(\varphi+\pi/2)R/X}]\sin\phi\} \times \sqrt{2} \tag{2-20}$$

式中:e—— 自然对数的底;

ϕ—— 相位角,$\phi = \arctan X/R$。

当 X/R 的数值为 1～14 时,峰值系数可采用线性插值法求得,结果见表 2-10 所列。

表 2-10　系数 $k\times\sqrt{2}$ 的值

X/R	1	1.5	2	3	4	5	6	8	10	14
$k\times\sqrt{2}$	1.51	1.64	1.76	1.95	2.09	2.19	2.27	2.38	2.46	2.55

(3)试验步骤

① 试验前对被试品进行可靠接地并充分放电,确保油位符合要求位置,同时将被试

品处于最大挡位并充分放气。

② 进行被试品接线，测试线对应接在被试品高压侧的三相，低压侧用短接铜排短路。短路承受能力试验接线图如图2-24所示。

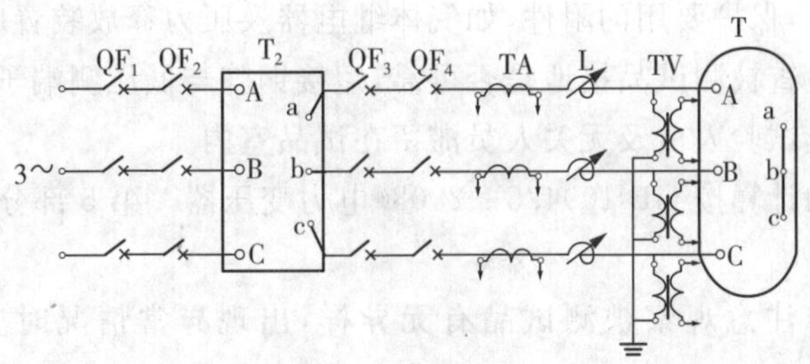

QF_1、QF_2、QF_3、QF_4—断路器；L—限流电抗器；T_2—中间变压器；T—试品；

TA—电流互感器（接示波器电流测量回路）；TV—电压互感器（接示波器电压测量回路）。

图2-24　短路承受能力试验接线图

③ 用阻抗测试仪测量被试品的电感电抗值，测试夹子与被试品的高压侧三相相接，低压侧短接（如图2-25、图2-26所示）。测量结束后，打印结果并将数据记录。

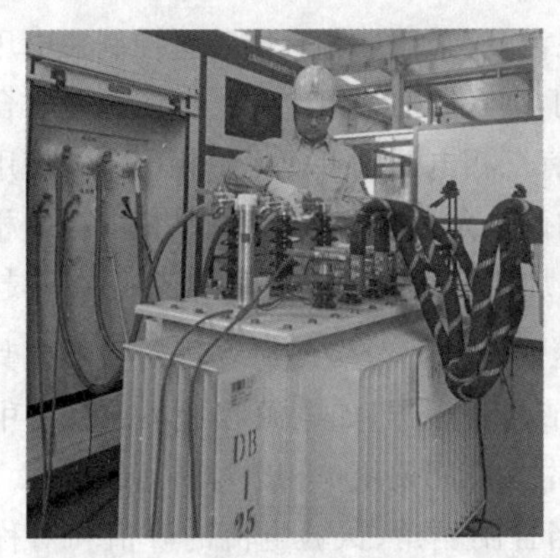

图2-25　配电变压器电感电抗值测试接线

图2-26　配电变压器电感电抗值测试

④ 首先施加小于70%试验电流进行调试，根据对应的短路阻抗和负载损耗计算出相应调节阻抗值，在阻抗室调节好所需的电阻值及电抗值。

⑤ 打开合闸开关控制系统软件，选择相应通信串口，设置选相合闸角度值。

⑥ 打开试验软件，合闸出线柜，投入中间变压器。单击试验启动，同时采集软件也单击启动，试验结束后记录短路电流峰值及短路电流有效值。试验中所得到的电流峰值偏离规定值应不大于5%，对称电流偏离规定值应不大于10%，试验的持续时间偏离规定值应不大于10%。如有偏离，对调节阻抗进行调节，直至满足规定值要求。

⑦ 每次试验结束，均需手动断开阻抗室的隔离开关，形成明显断开点。对被测试品进行充分放电，并挂接地棒。

⑧ 预试小于70%试验电流的试验完成后，进行100%试验电流的正式试验，试验步骤同③～⑦。总的试验次数为9次，即每相进行3次试验：A相对应最大挡，B相对应额

定挡，C 相对应最小挡。每次试验结束后都需对被试品进行阻抗测量，并记录数据。每次试验间隔推荐 5 min 以上。

8. 测试注意事项

① 短路试验时，保护要用的附件，如气体继电器及压力释放装置应安装在变压器上。

② 试验前需检查被测试品接地是否可靠，短接铜牌与低压侧端子接触是否紧固。

③ 试验时禁止试验人员及无关人员滞留在试品室内。

④ 短路电流的计算按 GB 1094.5—2008《电力变压器　第 5 部分：承受短路的能力》的规定。

⑤ 试验过程中注意观察被测试品有无异样，出现异常情况时应停止试验并检查异样。

⑥ 短路试验可以采用预先短路、选相合闸，也可以采用预先送电、选相短路的方法，但一般采用预先短路法。对于单同心式绕组的变压器采用预先短路法时，为了避免最初几个周波中由于铁心饱和产生的励磁电流迭加在短路电流上，施加电压的绕组应该选距铁心较远的那个绕组。对于双同心式绕组（高/低/高）和交叠式绕组的变压器采用预先短路的方法试验时，制造单位需与用户协商。

⑦ 为了在试品绕组中获得规定的初始峰值电流，应采用选相合闸装置控制在电压过零的瞬间合闸；Y 联结的绕组应在相电压过零时合闸，D 联结的绕组应在线电压过零时合闸。

⑧ 三相变压器应使用三相电源进行试验，没有三相电源也可使用单相电源。使用单相电源时，D 联结的绕组单相电源应施加在三角形的两个角上，试验期间该单相电源应相当于三相试验的线电压。Y 联结的绕组单相电源应施加于一个线端与另外两个连在一起的线端上，试验期间单相电压应等于三相试验时线电压的$\sqrt{3}/2$。分级绝缘变压器需考虑其中性点绝缘是否能够满足单相电源的试验要求；Y 联结的变压器，如电源容量不足且有中性点可以利用时，经制造单位与用户协商，可在线端与中性点间使用单相电源进行试验。

⑨ 首先施加小于 70%试验电流进行调试；当合闸相角、试验电流的峰值和对称值及持续时间均达到要求时，再进行 100%试验电流的正式试验；小于 70%试验电流不记入试验次数。

⑩ 对于单相变压器，试验次数为 3 次；如无另行规定，带有分接的变压器的试验应分别在最大、额定和最小分接位置上各进行 1 次；三相变压器试验次数为 9 次，在不同分接位置上进行，即在旁柱的最大分接、中柱的额定分接和另一旁柱的最小分接位置上分别进行 3 次。

每次试验施加的短路电流为峰值 100%±5%、方均根值 100%±10%。

每次试验的持续时间应为 0.5 s，其允许偏差为±10%。

⑪ 每次试验除用示波器记录电流波形外，还应派专人监视试品；每次试验过后，应对电流波形、气体继电器进行观察，并测量该分接的电抗值。

⑫ 短路试验后应重复全部例行试验，包括在 100%规定试验电压下的绝缘试验；如果规定了雷电冲击试验，也应在此阶段中进行；但对于配电变压器，除绝缘试验外的其他试验项目，可以不做。

9. 测试结果分析及测试报告编写

(1)变压器短路试验合格条件

① 短路试验结果及短路试验期间的测量和检查没有发现任何故障迹象。

② 重复的绝缘试验和其他例行试验合格，雷电冲击试验(如果有)也合格。

③ 吊心检查没有发现诸如位移、铁心片移动、绕组及连接线和支撑结构变形等缺陷，或虽发现有缺陷，但不明显，不会危及变压器的安全运行。

④ 没有发现内部放电的痕迹。

⑤ 试验完成后，以欧姆表示的每相短路电抗值与原始值之差不大于标准限值。

(2)试验前后电抗量变化可接受范围

① 对具有圆形同心式线圈和交叠式非圆形线圈的变压器为 2%。但是，对于低压绕组是用金属箔绕制的且额定容量为 10000 kV·A 及以下的变压器，如果其短路阻抗为 3%及以上，则允许有较大的值，但不大于 4%。如果短路阻抗小于 3%，则应由制造方与用户协商，确定一个比 4%大的限值。

② 对于具有非圆形同心式线圈的变压器，其短路阻抗在 3%及以上者为 7.5%。经制造方和用户协商，电抗量的值可以降低，但不低于 4%。

(3)测试报告编写

测试报告应包含受试产品相关的全部详细资料，包括产品编号或代号、试验日期、环境温湿度、试品型号、额定电压、额定容量、连接组编号以及制造商名称等。

2.5.3　配电变压器油质检测

配电变压器油质检测分三部分进行，分别是配电变压器油击穿电压检测、配电变压器油介质损耗因数检测、配电变压器油水含量检测。

1. 配电变压器油击穿电压检测

(1)试验目的

变压器油在电气设备中起着绝缘、散热、灭弧等重要作用，为确保变压器安全可靠地运行，变压器油必须充分发挥其前述功能。击穿电压作为衡量绝缘油电气性能的一个重要指标，可以判断油中是否存在水分、杂质和导电微粒，是检验变压器油性能好坏的主要手段之一。

(2)抽检比例

每个供应商、每个批次、每种型号 10 kV 配电变压器，自行确定抽检比例，年度交货数量不足 4000 台的按 5%的比例进行抽检，年度交货数量超过 4000 台的抽检总数量不少于 200 台。

(3)检测时机及方式

设备到货后取样送检。该试验为无损试验，试验合格设备仍可用于工程。

(4)危险点分析及控制措施

① 现场取样至少由 2 人进行。

② 仪器接地应良好。

③ 测试过程中禁止触动仪器高压罩，以防高电压伤人。

④ 试验仪器未放置油样时，禁止升压。

⑤ 试验人员应站在绝缘垫上进行操作。

⑥ 在更换油样时应切断电源。

⑦ 在装样操作时不许用手触及电源及电极、油杯内部和试油。

(5)测试前的准备工作

① 查阅相关技术资料、试验规程。明确试验安全注意事项，编写作业指导书。

② 测试仪器和试剂准备。选择绝缘油击穿电压测试仪（如图 2－27 所示）、标准规、油杯、搅拌子、吸油纸、磨口具塞玻璃瓶、丙酮、石油醚等，确保电极和油杯的清洁，并查阅测试仪器、设备及可能用到的绝缘器具的检定证书有效期。

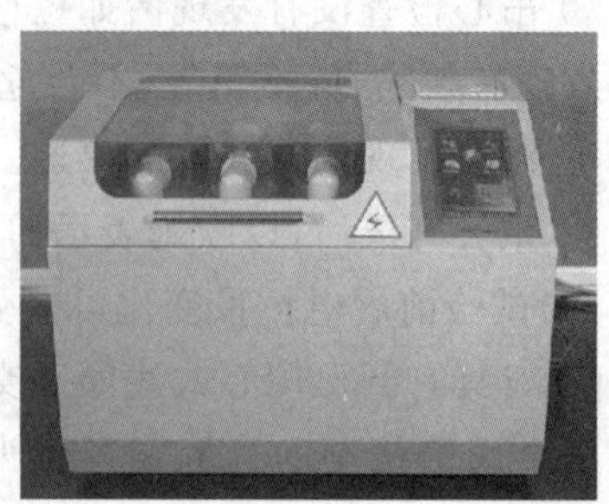

图 2－27　绝缘油击穿电压测试仪

(6)检测标准

按照 GB/T 507—2002《绝缘油　击穿电压测定法》、GB 50150—2016《电气装置安装工程电气设备交接试验标准》执行，击穿耐压大于等于 35 kV。

(7)测量原理与试验步骤

① 绝缘油击穿电压的测量原理：将绝缘油装入放有一对电极的油杯中，并将施加于绝缘油的电压逐渐升高，当电压达到一定数值时，油的电阻几乎突然下降至零，即电流瞬间突增，并伴有火花或电弧的形式通过介质（油），此时称为油被“击穿”，油被击穿的临界电压，称为击穿电压，以千伏（kV）表示。

② 绝缘油击穿电压的试验步骤如下。

A. 试样准备：在试样倒入试样杯前，轻轻摇动翻转盛有试样的容器数次，以使试样中的杂质尽可能分布均匀而又不形成气泡，从而避免试样与空气发生不必要的接触。

B. 装样：试验前应倒掉试样杯中原来的绝缘油，立即用待测试样清洗杯壁、电极及其他各部分 2～3 次，将试样缓慢注入油杯浸没电极，并避免形成气泡。将试样杯放入测量仪上，并盖好高压罩，静置 10 min，如需搅拌，应打开搅拌器。测量并记录试样温度。

C. 加压操作：装好试样并检查完电极间无可见气泡 5 min 之后，即可进行第一次加压。在电极间按（2.0±0.2）kV/s 的速率缓慢加压至试样被击穿，击穿电压为电路自动断开（产生恒定电弧）或手动断开（可闻或可见放电）时的最大电压值。记录击穿电压值：达到击穿电压至少暂停 2 min 后，再进行加压，重复 6 次。注意电极间不要有气泡，若使用搅拌，在整个试验过程中应一直保持。计算 6 次击穿电压的平均值作为绝缘油的试验结果。

D. 测试完毕。关闭电源，整理工作台，将合格的油样充满油杯放干燥处保存。

(8)测试注意事项

① 电极间距离应为（2.5±0.05）mm，要用标准规校准。

② 油中有水分及其他杂质时对击穿电压有明显影响，试样一定要摇荡均匀后注入

油杯。

③ 油杯不用时应装满合格的绝缘油，加盖，保存在干燥的地方，防止受潮。

④ 将试样杯放在测量仪上，如需搅拌，应打开搅拌器。测量并记录试样温度。

(9)测试结果分析及测试报告编写

计算 6 次击穿电压的平均值，以击穿电压的平均值作为试验结果，用千伏(kV)表示。报告还应包括样品名称、试验环境条件、试验日期、试验仪器型号、电极类型、分析意见、试验人员等。

2. 配电变压器油介质损耗因数检测

(1)试验目的

变压器油在电气设备中起着绝缘、散热、灭弧等重要作用，为确保变压器安全可靠地运行，变压器油必须充分发挥其前述功能。绝缘油的介质损耗因数对判断新油的精制、净化程度，以及判断变压器绝缘特性的好坏，都有着重要的意义。

(2)抽检比例

每个供应商、每个批次、每种型号 10 kV 配电变压器，自行确定抽检比例，年度交货数量不足 4000 台的按 5%的比例进行抽检，年度交货数量超过 4000 台的抽检总数量不少于 200 台。

(3)检测时机及方式

设备到货后取样送检。该试验为无损试验，试验合格设备仍可用于工程。

(4)危险点分析及控制措施

① 现场取样至少由 2 人进行。

② 取样过程中应有防漏油、喷油措施。

③ 仪器接地应良好。

④ 电极杯温度较高，使用专用工具提取油电极杯。注油和排油时注意不要触碰油极杯，防止烫伤。

⑤ 仪器在工作过程中，内部有高压，禁止在仪器通电过程中开启仪器外罩、插拔电缆。

(5)测试前的准备工作

① 查阅相关技术资料、试验规程。明确试验安全注意事项，编写作业指导书。

② 测试仪器和试剂准备。选择绝缘油介损测试仪(如图 2-28 所示)、磷酸三钠水溶液、丙酮、石油醚、苯、吸油纸和电热烘箱等，并查阅测试仪器、设备及可能用到的绝缘器具的检定证书有效期。

图 2-28　绝缘油介损测试仪

(6)检测标准

按照 GB 50150—2016《电气装置安装工程电气设备交接试验标准》执行，介质损耗因数 ≤0.7%。

(7)测试原理与测试步骤

① 测试原理:采用高压电桥配以专用油杯在工频电压下进行绝缘油的介质损耗因数测定。介质损耗因数又称为介质损耗正切。在交变电场的作用下,电介质内流过的电流可分为两部分:一部分是无能量损耗的无功电容电流 I_C,另一部分是有能量损耗的有功电流 I_R。合成电流 I 与电压 U 的相位差不是 90°,而是比 90°小 δ 角,此 δ 角称为介质损耗角,损耗角的正切值就是介质损耗因数。

② 测试步骤

A. 熟悉仪器使用说明书及操作规程,按要求连接试验仪器并调试正常。

B. 用一部分液体试样刷洗试验池 3 次,然后倒掉液体;重新充满试样,注意防止夹带气泡。

C. 试验池加热,加热到试验温度,一般试验温度应为 90 ℃,测量温度的分辨率为 0.25 ℃。

D. 当其温度达到所要求试验温度的±1 ℃时,应在 10 min 内开始测量损耗因数。施加电压,试验电压通常采用频率 40～62 Hz 的正弦电压。

E. 完成测量后,记录试验结果。

(8)测试注意事项

① 在温度达到试验温度的±1 ℃时,应在 10 min 内开始测量损耗因数。

② 电极工作面的光洁度应达到 Δ9,如发现表面呈暗色时,必须重新抛光。

③ 各电极应保持同心,各间隙的距离要均匀。

④ 注入电极杯内的试油,应无气泡及其他杂质。

⑤ 当电极杯不用时,应用清洁的绝缘油充满试验池后保存起来。

⑥ 不经常使用电极杯时,应将其清洗、干燥并装配好,存放在干燥无尘的容器里。

⑦ 测量电极与保护电极间的绝缘电阻,应为测量设备绝缘电阻的 100 倍以上,各芯线与屏蔽间的绝缘电阻,一般应大于 50 MΩ。

⑧ 不要用手直接接触电极或绝缘表面,并将装配好的电极杯放到比规定的试验温度高 5～10 ℃的加热箱里。

(9)测试结果分析及测试报告编写

① 测量重复性。两次测量之间的差别不应大于 0.0001 加上两个值中较大一个的 25%。

② 测试报告取两次有效测量值的平均值作为该样品的介损值。

③ 测试报告应包括样品名称、试验环境条件、试验仪器型号、分析意见、试验人员等。

④ 绝缘油介损质量指标应小于等于 0.7%。

3. 配电变压器油水含量检测

(1)试验目的

绝缘油中微量水分的存在,对绝缘介质的电气性能与理化性能都有极大的危害,水分可导致绝缘油的击穿电压降低,介质损耗因数增大。水分是油氧化作用的主要催化剂,促进绝缘油老化,使绝缘性能劣化、受潮,损坏设备,导致电力设备的运行可靠性和寿命降低，甚至危及人身安全。因此，绝缘油中的微量水分含量检测对控制绝缘油的质量具有重要意义。

(2)抽检比例

每个供应商、每个批次、每种型号 10 kV 配电变压器，自行确定抽检比例，年度交货数量不足 4000 台的按 5%的比例进行抽检，年度交货数量超过 4000 台的抽检总数量不少于 200 台。

(3)检测时机及方式

设备到货后取样送检。该试验为无损试验，试验合格设备仍可用于工程。

(4)危险点分析及控制措施

① 现场取样至少由 2 人进行。

② 应在良好的天气下进行取样工作。

③ 按照化学药品安全使用规定进行操作，注意防火防毒。

④ 绝缘油水分测试及电解液更换均应在通风橱中进行。

⑤ 测试仪器确保良好接地。

(5)测试前的准备工作

① 查阅相关技术资料、试验规程。明确试验安全注意事项，编写作业指导书。

② 测试仪器和试剂准备。选择电解液、标水、微水测试仪(如图 2-29 所示)、微量注射器、针头、硅橡胶垫、卷纸或滤纸、凡士林等，并查阅测试仪器、设备及可能用到的绝缘器具的检定证书有效期。

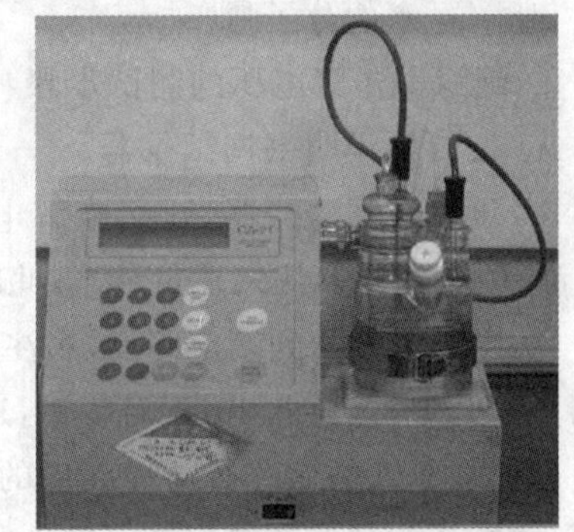

图 2-29　微水测试仪

(6)检测标准

按照 GB/T 7600—2014《运行中变压器油和汽轮机油水分含量测定法(库仑法)》、GB 50150—2016《电气装置安装工程电气设备交接试验标准》执行，微水≤20 mg/L。

(7)测量原理与测试步骤

① 绝缘油击穿电压的测量原理

有水时，碘被二氧化硫还原，在吡啶和甲醇存在的情况下，生成氢碘酸吡啶和甲基硫酸氢吡啶，反应式如式(2-21)：

$$H_2O+I_2+SO_2+3C_5H_5N \longrightarrow 2C_5H_5N\cdot HI+C_5H_5N\cdot SO_3$$

$$C_5H_5N\cdot SO_3+CH_3OH \longrightarrow C_5H_5NH\cdot SO_4\cdot CH_3 \tag{2-21}$$

在电解过程中，电极反应如下：

$$阳极:2I^- -2e \longrightarrow I_2$$

$$阴极:2H^{+}+2e \longrightarrow H_2\uparrow$$

$$I_2+2e \longrightarrow 2I^{-}$$

产生的碘又与试油中的水分反应生成氢碘酸，直至全部水分反应完毕为止，反应终点用一对铂电极所组成的检测单元指示。在整个过程中，二氧化硫有所消耗，其消耗量与水的物质的量相等。

依据法拉第电解定律，电解所用的电量与碘的物质的量成正比，即电解 1 mol 碘，消耗 1 mol 水，需要 2 倍的 96493 C 电量。计算式(2－22)如下：

$$\frac{W\times 10^{-6}}{18}=\frac{Q\times 10^{-3}}{2\times 96493}$$

即
$$W=\frac{Q}{10.722} \tag{2-22}$$

式中：W——试油中的水分，单位为 μg；

Q——电解电量，单位为 mC；

18——水的分子量。

② 绝缘油击穿电压的测试步骤

A. 按仪器说明书调试仪器。

B. 开动电磁搅拌器，开始电解电解池中所存在的残余水分。若电解液碘过量，用 0.5 μL 微量注射器注入适量纯水，此时电解液颜色逐渐变浅，最后呈黄色进行电解。

C. 当电解液达到滴定终点，用注射器量取一定量已知含水量的标样或用 0.5 μL 注射器量取 0.5 μL 纯水，按下启动钮，通过电解池上部的进样口注入电解池，进行仪器标定。仪器显示水的微克数与标准值的相对误差不应超过±5%，当连续 3 次标定均达要求值，才能认为仪器调整完毕。超出此范围，应更换电解液。

D. 当电解液难以达到滴定终点时，应先关闭搅拌器，停止滴定，拿起电解池，摇动数次，再重新开始搅拌、滴定，使周围壁上的水分充分电解，可以如此反复几次，以便尽快达到终点。如果还是难以达到要求，应更换电解液。再按上一个步骤测试。

E. 仪器调整平衡后，用注射器量取试油，排掉，冲洗不少于 3 次，最后量取 1 mL 试油(根据试油含水量高低，调整进样量的大小)。

F. 按启动钮，试油通过电解池上部的进样口注入电解池。仪器自动电解至终点，记下显示数字。同一试验至少重复操作 2 次以上，取平均值。

G. 根据被测试油的进样体积，按公式(2－23)计算出水分含量：

$$X=\frac{W}{V} \tag{2-23}$$

式中：W——被测试油中的水分，单位为 μg；

V——被测试油的进样体积，单位为 mL；

X——试油的水分含量，单位为 mg/L。

H. 精密度要求：2 次平行测试结果的差值不得超过表 2－11 所列数值。

表 2－11　绝缘油击穿电压测试精密度要求

试油含水范围/(mg/L)	允许差/(mg/L)
＜10	2
10～20	3
21～40	4
＞41	10

I. 测试结果：取 2 次平行试验结果的算术平均值为测定值。

(8)测试注意事项

① 应使用厂家提供的和微水仪配套的电解液，电解液应放在阴凉、干燥、暗处保存，温度不宜高于 20 ℃。

② 当注入的油样达到一定数量后，电解液会呈现浑浊状态，如还要继续进样，应用标样标定，符合规定后，方可继续使用，否则应更换电解液。

③ 测定油中水分时，应注意电解液和试样密封性，在测试过程中不要让大气中的潮气侵入试样中。

④ 当阴极室出现黑色沉淀后，应将电极取出，用相关溶剂清洗后使用。

⑤ 电解池进样口应密封良好，定期检查并更换硅胶。油样保存应不超过 7 天。

⑥ 标定时不得将注射器针尖插入液面下方，防止将针尖内部的水分也带入电解液中，造成标定较大偏差。

(9)测试结果分析及测试报告编写

取 2 次平行试验结果的算术平均值为测定值，根据规程要求给出正确的分析意见。测试报告应包括：试验环境条件、试验仪器型号、被测试样名称、试验人员等。

2.5.4　配电避雷器雷电冲击残压试验

1. 试验目的

为进一步深化落实国网公司电网设备电气性能专项技术监督工作要求，严把入网设备质量关，提升电网本质安全水平，对新、扩建农配网工程开展配电避雷器雷电冲击残压试验，保障入网配电避雷器性能稳定、安全、可靠运行。

2. 抽检比例

每个供应商、每个批次、每种型号的配电金属氧化物避雷器抽检不少于 3 支。

3. 检测时机及方式

在到货验收阶段取样送检，采用雷电电流冲击发生器进行检测。该检测为破坏性试验，检测合格设备不可用于工程使用。

4. 危险点分析及控制措施

(1)防止工作人员触电

试验设备外壳应可靠接地,试验仪器与设备的接线应牢固可靠,测试前与检修负责人协调,不允许有交叉作业,试验接线应正确、牢固,试验人员应精力集中,注意被试品应与其他设备有足够的安全距离,必要时应加绝缘板等安全措施。

(2)防止残余电荷伤人

在测试完成后应对被测试设备充分放电,保证人身和设备安全。

5. 测试前的准备工作

(1)了解被测试设备现场情况及试验条件

查勘现场,查阅相关技术资料,掌握检测设备运行及缺陷情况。

(2)测试仪器、设备准备

选择电气控制柜、高压直流充电装置、高压可控放电装置、测试台装置、智能控制系统、冲击波形测量系统、温(湿)度计、接地线、安全帽、电工常用工具、试验临时安全遮栏、标示牌等,并查阅测试仪器、设备及可能用到的绝缘器具的检定证书有效期。

(3)做好试验现场安全和技术措施

向其余试验人员交代工作内容、带电部位、现场安全措施、现场作业危险点,明确人员分工及试验程序。

6. 测试标准

GB/T 11032—2020《交流无间隙金属氧化物避雷器》第 8.3.3 条。

判定依据:GB/T 11032—2020《交流无间隙金属氧化物避雷器》第 6.3 条。

额定电压为 5 kV、10 kV、12 kV、15 kV、17 kV 的配电避雷器雷电冲击残压值分别不应大于 15 kV、30 kV、35.8 kV、45.6 kV、50 kV。

7. 测量原理与测试步骤

(1)测量原理

冲击电流残压随冲击电流波形的不同而不同,它是氧化锌避雷器非线性电阻呈现的固有特性。用标称放电电流、8/20 μs 标准雷电流波形的冲击电流,测得的避雷器残压称为避雷器雷电保护水平。它的值越低,表明避雷器的保护特性越好。

(2)测试步骤

① 将避雷器接入试验装置中,检查试验回路及接线,设置试验参数(如图 2-30 所示)。

② 应对 3 只试品的每 1 只试品施加 3 次雷电电流(波形 8/20 μs 冲击电流),其幅值分别约为避雷器标称放电电流的 0.5 倍、1 倍和 2 倍。视在波前时间应为 7～9 μs,而半峰值时间(无严格要求)可有任意偏差。

③ 已确定的残压最大值应画成残压与电流的曲线。在曲线上相对于标称放电电流读取的残压,定义为避雷器雷电冲击保护水平。

④ 试验可在整只避雷器、组装好的元件、包括一个或几个电阻片的试品上进行。制造厂要在 0.01～2 倍标称电流范围内确定一适当的雷电冲击电流,残压将在该电流下测

图 2－30　设置试验参数

定。如果不能直接测量整体残压，可以把电阻片的残压之和或单个避雷器元件的残压之和视作整只避雷器的残压。整只避雷器的残压值不能高于规定值。

8. 测试注意事项

① 实际测试中红色夹子接避雷器高压端，黑色夹子接避雷器低压端。

② 应注意其量程、准确度、电压等级是否符合试验要求。

③ 检测用的仪器应按要求放好，且应注意不受振动的影响。

④ 检查仪表的初始状态，其指示是否正确无误。

⑤ 设置试验参数时，预计电流、预计电压的设置值一定要比实际测试的值大，否则示波器可能会超量程，造成测试的数据无效。

⑥ 在检测中，若发现设备或仪器、仪表损坏时，应立即停止试验，查明原因，经处理后（如改用其他合格仪表）征得现场负责人同意才可以重新工作，并做好记录。

9. 测试结果分析及测试报告编写

(1)测试结果分析

检测结果判定，雷电冲击残压值应符合 GB/T 11032—2020《交流无间隙金属氧化物避雷器》的规定，即额定电压为 5 kV、10 kV、12 kV、15 kV、17 kV 的配电避雷器雷电冲击残压值分别不应大于 15 kV、30 kV、35.8 kV、45.6 kV、50 kV。若超过上述要求值，则判定为不合格。

(2)测试报告编写

测试报告应包含受试产品相关的全部详细资料，包括工程名称，产品型号/编号，制造商名称，以及环境温湿度等。

2.5.5　跌落式熔断器熔断件时间——电流特性试验

1. 试验目的

跌落式熔断器适用于标称电压 3 kV 及以上、频率为 50 Hz 交流电力系统中的户内或户外喷射式熔断器。跌落式熔断器在电路中能够有效地起到过载及短路保护的作用。该试验可以检查熔断器熔断件时间与电流大小之间的特性参数是否符合设计要求，以确保系统短路时能够快速动作、切除故障设备；而过载时根据过载程度选择不同熔断时间，确保设备运行的安全可控。

完全从应用的角度来看，某一给定熔断器的额定值（电流、电压、开断能力等）应看作是在使用中不得超过的最大值。

2. 抽检比例

每个供应商、每个批次、每种型号的跌落式熔断器抽检不少于2支。

3. 检测时机及方式

设备到货后取样送检。该试验为破坏性试验，抽检设备不可再用于工程。

4. 危险点分析及控制措施

防止工作人员触电。试验设备外壳应可靠接地，试验接线应正确、牢固，试验人员应精力集中，注意被测试品应与其他设备有足够的安全距离。

5. 测试前的准备工作

（1）了解被试设备现场情况及试验条件

查勘现场，查阅相关技术资料，掌握测试方法及注意事项。

为了试验的方便，并且事先取得制造厂同意，可将试验规定值修改，特别是公差，使试验条件更加严酷。当公差没有规定时，应当在不比规定值严酷程度低的数值下进行试验。上限值应取得制造厂的同意，不允许进行高于规定额定值的型式试验。

（2）测试仪器、设备准备

选择跌落式熔断器试验装置、可调式恒流电源、透明试验箱等，并查阅测试仪器、设备及可能用到的绝缘器具的检定证书有效期。

（3）做好试验现场安全和技术措施

向其余试验人员交代工作内容、带电部位、现场安全措施、现场作业危险点，明确人员分工及试验程序。

6. 检测标准

GB/T 15166.3—2008《高流交流熔断器　第3部分：喷射熔断器》。

对熔断件施加弧前时间为300 s相对应最大熔化电流，熔断时间应不大于300 s；施加最小熔化电流300 s应不熔断。

7. 测量原理与测试步骤

（1）测量原理

当电路发生过负荷或短路故障时，通过熔体电流增大，过负荷电流或短路电流对熔体加热，熔体由于自身温度超过熔点，在被保护设备的温度未达到破坏其绝缘之前熔化，将电路切断，从而使线路中的电气设备得到了保护。

对熔断件施加弧前时间为300 s相对应最大熔化电流，熔断时间应不大于300 s；施加弧前时间为300 s，相对应最小熔化电流300 s以内应不熔断。具体每种额定电流的熔断器所对应的最大和最小熔断时间查表2-12可得。

表 2-12　弧前时间-电流特性的限制“k”型熔断件

	额定电流	熔化电流/A					
		300 s 或 600 s[a]		10 s		0.1 s	
		最小	最大	最小	最大	最小	最大
优选值	6.3	12.0	14.4	13.5	20.5	72	86
	10	19.5	23.4	22.4	34	128	154
	16	31.0	37.2	37.0	55	215	258
	25	50	60	60	90	350	420
	40	80	96	96	146	565	680
	63	128	153	159	237	918	1100
	100	200	240	258	388	1520	1820
	160	310	372	430	650	2470	2970
	200	480	576	760	1150	3880	4650

[a] 300 s 用于额定电流 100 A 及以下的熔断件；600 s 用于额定电流超过 100 A 的熔断件。

(2)测试步骤

时间-电流特性试验应按下述程序进行。

① 动作时间-电流特性试验

动作时间-电流特性试验应在额定电压下进行，试验回路与开断试验相同。

单调函数：当变量的方向给定时，在相同方向连续变化的函数。

动作时间-电流特性曲线应表征弧前时间(弧前试验时的电流下)和公差加上最长燃弧时间所确定的最大值。最长燃弧时间应按本条款规定的动作时间-电流特性试验确定。如果燃弧时间是在额定电压下试验获取的，则到达动作时间所采用的方法直接适用。

② 弧前时间-电流特性试验

弧前时间-电流特性试验可在任何方便的电压下进行，试验回路的布置应使得流过熔断器的电流基本上保持恒定。

可以采用从开断试验中获取的时间-电流数据。

③ 时间范围

试验应在 0.01～300 s 或 600 s 的时间范围内进行。

④ 电流的测量

在时间-电流特性试验时通过熔断器的电流应当用电流表、示波器或其他适合的仪器测量。

⑤ 时间的确定

时间的确定可通过任何适当的方法进行。

⑥ 试验电流

为了验证弧前时间-电流特性，应采用制造厂提供的曲线上在时间为 0.1 s、10 s 和 300 s(或 600 s)时的电流最小值。

此电流施加的时间应足以使熔断件熔化，或者就 300 s(或 600 s)电流而言，施加时间足以允许检验试验结果。

⑦ 试验结果

获得的弧前时间应处于制造厂提供的曲线和公差的限值以内。

⑧ 燃弧时间和动作时间的验证

必要时(如在说明开断试验结果时)，燃弧和全部开断时间都应从开断试验示波图上进行验证。透明箱内待试验熔断器如图 2-31 所示。

图 2-31　透明箱内待试验熔断器

8. 测试注意事项

① 动作期间不应发生闪络。熔断器制造厂在其文件中和包装上应有一个警告：在熔断器动作过程中，存在热气体和热粒子喷射的可能性。

② 在熔断器动作后，熔断器的各组件，除了那些每次动作后需要更换的以外，皆应基本上处于动作前的同样状态。对于喷射熔断器而言，其载熔件内腔的腐蚀例外。在预定每次动作后要更换的组件换成新的以后，熔断器应能在额定电压下承载它的额定电流。

在动作以后，任何机械方面的损伤不应影响到跌落功能(如果适用)，同时也不应妨碍取出和更换载熔件。

然而，对于熔断器中采用紧固的可更换的熔断件的组件，允许有轻微的损伤，只要这一损伤不妨碍熔体的更换、降低熔断器的开断能力、改变它的动作特性或者增加正常工作条件下的温升。这些通常是通过目测检查熔断器进行验证。

③ 在动作以后，熔断器接线端子间的耐压性能可以仅用工频恢复电压考核。

④ 在跌落式熔断器动作期间，上触头可能出现小的电弧烧蚀点，这种情况是可以接受的。弧前时间应当处于制造厂提供的时间-电流特性的限值以内。

9. 测试结果分析及测试报告编写

(1)测试结果分析

① 当受试验室试验条件的限制，难以获得上述试验电流值时，可以用相应于动作时间不小于 2 s 的较高电流值进行试验。

② 每次试验后，熔断件和跌落式熔断器的释压帽(如果采用的话)应予以更换。

③ 在试验报告中应当注明熔断器底座的总数。

④ “最小”和“最大”表示同族系列中的最小和最大额定电流。

(2)测试报告编写

所有型式试验的结果都应记载在包含必要的数据以证明符合本部分要求的试验报告中。

试验报告应注明制造厂名、熔断器底座、载熔件和熔断件的参考型号以及任何规定的可能影响熔断器性能的详细资料。这些数据应当足以使试验室对熔断器做出明确的鉴别和组装。试验布置的详细情况，包括金具的位置，也应注明。

2.5.6　台区剩余电流保护断路器性能检测

1. 试验目的

台区剩余电流保护断路器(如图 2－32 所示)作为防护供电侧人身财产的重要保护装置，其质量好坏关系到用电安全与台区供电可靠性。

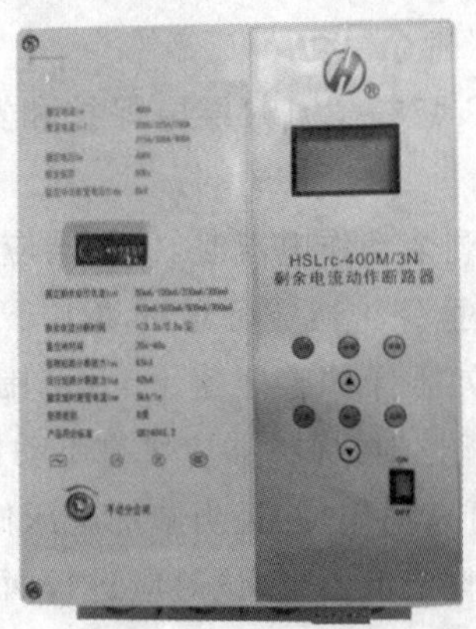

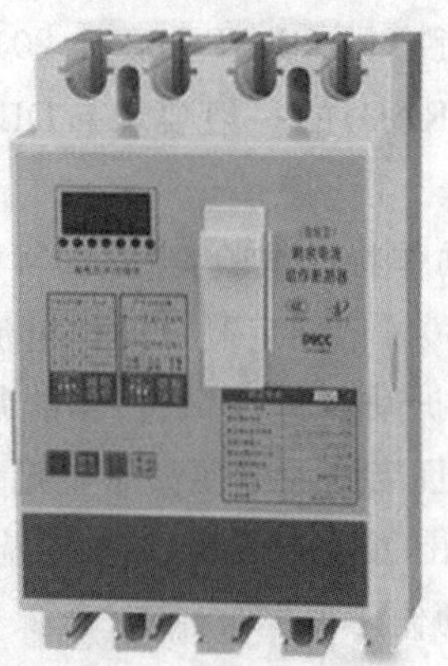

图 2－32　台区剩余电流保护断路器

其中，台区剩余电流保护断路器除漏电保护功能外，同时涵盖过流与短路保护、过压与欠压保护等功能。若不对上述功能开展有效检测，则极易引起漏保误动作，拒动甚至人身触电事故。

2. 抽检比例

每个供应商、每个批次、每种型号的台区剩余电流保护断路器抽检不少于 3 支。

3. 检测时机及方式

设备到货后取样送检。该试验为无损试验,试验合格设备仍可用于工程。

4. 危险点分析及控制措施

① 防止工作人员触电。

② 试验装置外壳应可靠接地,不允许有交叉作业,试验接线应正确、牢固,试验人员应精力集中,注意与被测试品保持足够的安全距离。

5. 测试前的准备工作

(1)了解被测试设备情况

查阅相关资料,掌握被测试剩余电流保护断路器的技术参数和性能指标。

(2)测试仪器、设备准备

选择台区剩余电流保护断路器性能试验装置(如图 2-33 所示)、温(湿)度计、电工常用工具、试验临时安全遮栏、标示牌等,并查阅测试仪器、设备及可能用到的绝缘器具的检定证书有效期。

(3)做好试验现场安全和技术措施

向其余试验人员交代工作内容、带电部位、现场安全措施、现场作业危险点,明确人员分工及试验程序。

图 2-33　台区剩余电流保护断路器性能试验装置

6. 检测标准

按照产品供货合同 GB/T 6829—2017《剩余电流动作保护器(RCD)的一般要求》,DL/T 478—2013《继电保护和安全自动装置通用技术条件》等执行。

进行漏电流动作特性试验:当施加额定剩余动作电流时,保护器应在 0.5 s 内可靠动作。当施加小于 50%倍额定剩余动作电流时,保护器应可靠不动作。

欠压/过压保护动作特性试验:当施加欠压保护整定值±5%范围工频电压时,保护器应可靠动作,并且当施加电压高于整定值 5%时,保护器应可靠不动作。当施加过压保护整定值±5%范围工频电压时,保护器应可靠动作,并且当施加电压低于整定值 5%时,保护器应可靠不动作。根据欠压/过压保护整定值不同,试验应进行两组。

对 RCD 进行剩余电流动作特性试验和电压保护试验的结果均合格,判定为产品整体合格。

7. 测量原理与测试步骤

(1)测量原理

台区剩余电流保护断路器性能试验装置额定容量为 3 kV·A,可输出 0～5 A 连续可调的电流、单相 0～320 V 连续可调的电压,适用于 160 A、250 A、400 A、630 A 等多型号的台区剩余电流保护断路器性能检测,进而评定其性能。本试验只针对延时型 RCD

检测进行说明。

(2)试验步骤

① 剩余电流动作特性试验操作步骤：

A. 将被测试品接入试验回路(如图 2-34 所示)。按被测试品铭牌值设置剩余电流保护定值 $I_{\Delta n}$。

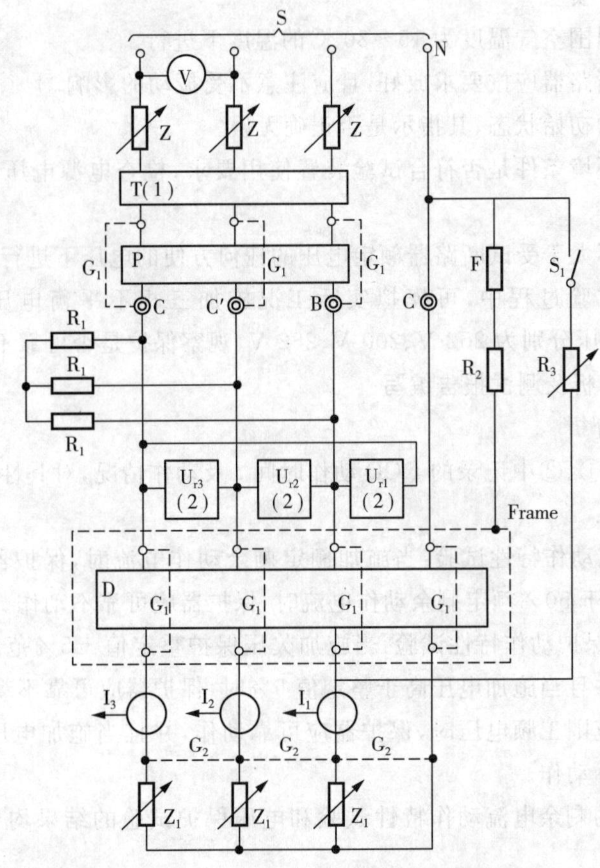

N—中性线导体；S—电源；Z—可调阻抗，可位于变压器高压侧或低压侧；Z_1—可调阻抗，用来调节低于短路电流的电流；P—短路保护电器；D—被试 RCD；Frame—使用时正常接地的所有导电部件；G_1—用于调节的临时连接；G_2—用于额定限制短路电流试验的连接；T—接通短路的电器；I_1、I_2、I_3—电流传感器；U_{r1}、U_{r2}、U_{r3}—电压传感器；F—检测故障电流的器件；R_1—分流电阻器；R_2—限流电阻器；R_3—可调电阻器；S_1—辅助开关。

图 2-34　试验接线图

B. 使用试验装置对台区剩余电流保护断路器施加剩余电流整定值 $I_{\Delta n}$，记录 RCD 动作时间 t。

C. 使用试验装置对台区剩余电流保护断路器施加小于 50% 剩余电流整定值 $I_{\Delta n}$，记录 RCD 是否动作。

D. 设置两组不同的剩余电流保护整定值，重复进行上述试验。

② 欠压/过压保护动作特性试验操作步骤

A. 根据被测试品铭牌设置台区剩余电流保护器保护电压整定值(包括过压和欠压

保护定值)。

B. 使用电压源施加欠压保护整定值±5%范围工频电压,记录 RCD 是否动作。

C. 施加电压高于欠压保护整定值 5%范围工频电压,记录 RCD 是否动作。

D. 施加过压保护整定值±5%范围工频电压,记录 RCD 是否动作。

E. 施加电压低于整定值 5%范围工频电压,记录 RCD 是否动作。

8. 测试注意事项

① 试验宜在周围空气温度为 15～30 ℃的温度下进行。

② 被检测的断路器应按要求放好,且应注意不受振动的影响。

③ 检查仪表的初始状态,其指示是否正确无误。

④ 检查检测环境条件是否符合试验装置使用要求,检查电源电压,频率是否与试验装置的要求相符。

⑤ 试验可在不大于受试断路器额定电压的任何方便的电压下进行。在检测欠压/过压保护动作特性试验过程中,可模拟实际工况施加三相不平衡电压,如过压保护为 260 V,施加三相电压分别为 252 V、200 V、252 V,观察保护是否可靠不误动。

9. 测试结果分析及测试报告编写

(1)测试结果分析

根据试验步骤①、②中记录的 RCD 动作时间 t 及动作情况,对其性能做出判定。

判定合格标准:

① 进行漏电流动作特性试验:当施加额定剩余动作电流时,保护器应在 0.5 s 内可靠动作。当施加小于 50%额定剩余动作电流时,保护器应可靠不动作。

② 欠压/过压保护动作特性试验:当施加欠压保护整定值±5%范围工频电压时,保护器应可靠动作,并且当施加电压高于整定值 5%时,保护器应可靠不动作。当施加过压保护整定值±5%范围工频电压时,保护器应可靠动作,并且当施加电压低于整定值 5%时,保护器应可靠不动作。

当 RCD 进行的剩余电流动作特性试验和电压保护试验的结果均合格,判定为产品整体合格。

(2)测试报告编写

测试报告应包含受试产品相关的全部详细资料,包括工程名称,送检单位,设备型号/编号,制造商,断路器容量,生产日期,以及环境温湿度等。

2.6 电缆类产品性能专项监督

2.6.1 高压电力电缆振荡波试验

1. 试验目的

由于交联聚乙烯电力电缆(XLPE)工艺简单、结构合理以及优良的电气性能被广泛应用于电力系统中。目前，XLPE 电缆交接或预防性试验方法有直流耐压法、交流耐压法、超低频电压法和振荡波电压法。直流耐压法、交流耐压法、超低频电压法对电缆具有一定的损伤且评价过于简单。而振荡波电压法，作用时间短，不会对电缆绝缘造成伤害，能及时监控新投运电缆的工艺质量，发现电缆故障隐患，预防停电事故的发生，为施工管理提供参考依据，为入网电缆的安全运行提供保障。

2. 抽检比例

对于新建、改扩建工程 10 kV 电力电缆，每个供应商、每个批次、每种型号抽取比例不小于 5%(最少 1 个工程)。

3. 检测时机及方式

交接验收阶段，采用振荡波电压法对电缆进行检测，并同时进行局部放电测量。该检测为无损检测，检测合格设备仍可用于工程。

4. 危险点分析及控制措施

(1)防止高空落物伤人

防止高空坠落、坠物，被测试电力电缆两端悬空，需将拆除的引线用绝缘绳绑牢，拆除该电缆连接的避雷器及电压互感器(PT)；拆除的螺栓、金具、零件，应定点摆放，并做好识别标记。

(2)防止人员触电

防止电缆摆动误触邻近带电设备，三相之间及对其他设备安全距离足够(若安全距离不够时应采取有效措施，如加装绝缘材料、将临近带电设备停电等)。

检查试验设备和仪表是否满足试验项目要求，试验接线是否满足规范，接取试验电源应有专人监护。

施加试验电压前，检查所有人员是否满足高压试验电压的距离要求，监护人员封闭并看守有关通道，电缆两端必须设专人看守；应实施呼唱应答；加压过程中应保持与试验装置、被测试设备、高压导线的安全距离；注意仪表和设备的异常变化；每次加压试验结束后应首先断开试验电源，并对试验装置和被测试设备放电、接地；试验结束，将被测试电缆引线恢复原状并确认连接牢固。

5. 测试前的准备工作

(1)被测试电缆状态准备

① 测试前，将被测试电缆断电、接地放电、隔离附近带电设施，将被测试电缆两端悬空，将与被测试电缆连接的 PT、避雷器等电缆附件拆除。

② 检查外观，清洁表面污垢，必要时用无水酒精对电缆终端头进行清洁；检查电缆护层应可靠接地；试验所需接地线应连接牢固布置好现场。

③ 填写现场测试记录表，抄录电缆型号和长度，记录现场温度和湿度、试验日期、测试人员等资料。

(2)测试仪器、设备准备

选择高压单元、笔记本电脑及附件、加密狗、局部放电校准器及连线、高压开关及钥匙、高压测试电缆(7 m 或 50 m)、高压开关控制电缆、并联电容器、高压单元电源线、系统接地电缆、放电棒、直连网线、电动兆欧表、时域反射仪(TDR)长度及接头测试仪、带滤波稳流稳压电源、绝缘手套、对讲机、试验操作控制台(凳)、便携式电源线架、万用表、温湿度计、照明灯具、工具箱、绝缘绳(绝缘带)等,并查阅测试仪器、设备及可能用到的绝缘器具的检定证书有效期。

(3)做好试验现场安全和技术措施

向试验人员交代工作内容、带电部位、现场安全措施、现场作业危险点,明确人员分工及试验程序。

6. 检测标准

根据 DL/T 1576—2016 电力行业标准《6～35 kV 电缆振荡波局部放电测试方法》:

对于交联聚乙烯电缆(XLPE),新投运的电缆线路:最高试验电压$2U_0$,接头局部放电超过 300 pC、本体超过 100 pC 应及时进行更换;终端超过 3000 pC 时,应及时进行更换。

对于油纸绝缘电缆(PILC),新投运的电缆线路:最高试验电压 $2U_0$,接头局部放电超过 2000 pC、本体超过 1000 pC 应及时进行更换;终端超过 3000 pC 时,应及时进行更换。

7. 测量原理与测试步骤

(1)测量原理

振荡波局部放电测试方法是在一定条件下利用外施电压,缺陷处电场畸变程度超过临界放电场强时激发局部放电现象,局部放电信号以脉冲电流的形式向两边同时传播,在测试端并联一个耦合器收集这些电流信号并实现定位的方法。

振荡波电缆局部放电检测系统(OWTS)用于中、高压电力电缆的现场局部放电检测。该系统利用阻尼振荡电压(DAC)作为试验电压,对被测电缆逐级加压测试并采集数据,经过数据分析得到电缆的局部放电量、局部放电集中程度和位置,评估电缆运行状态下的局部放电特性并诊断潜在的局部放电故障。其检测原理电路图如图 2-35 所示:首先,通过交流电源作为系统输入电压,通过升压整流成高电压小电流的直流源,将直流源通过空芯电感(LC 振荡回路中的电感 L)向被测高压电缆(LC 振荡回路中的电容 C)充电升压,待被测试电缆升压至检测所需的电压,通过计算机数控指令光感开关闭合动作,快速切断电源侧加压,通过设备电感与被测电缆电容之间串联形成 LC 振荡回路,回路开始以 $1/2\pi\sqrt{LC}$的频率开始振荡,在被测电缆中产生低阻尼振荡电压(DAC),激发电缆及附件中绝缘薄弱位置的局部放电,并通过测试回路采集局部放电信号。

OWTS 内部振荡电压波形工作过程图如图 2-36 所示。充电时间内系统迅速升压至预设值,之后在测试时间内电压以振荡频率发生持续衰减的谐振。

振荡波局部放电测试方法采用脉冲反射法进行局部放电定位。脉冲反射法定位原理如图 2-37 所示:假设电缆长度为 l,在 t_0 时刻电缆 x 处发生局部放电。局部放电激发出的两个脉冲沿电缆向两个相反的方向传播,t_1 时刻其中一个脉冲直接到达测试端测量仪，另一个脉冲向测试对端传播，在电缆末端发生反射，之后再向测试端传播，t_2 时刻到达测量仪。由于在确定的电缆绝缘类型中，电脉冲传播速度是已知的常数（记为 v），根据两个脉冲信号到达测试端的时间差可以计算出局部放电发生的位置 x。

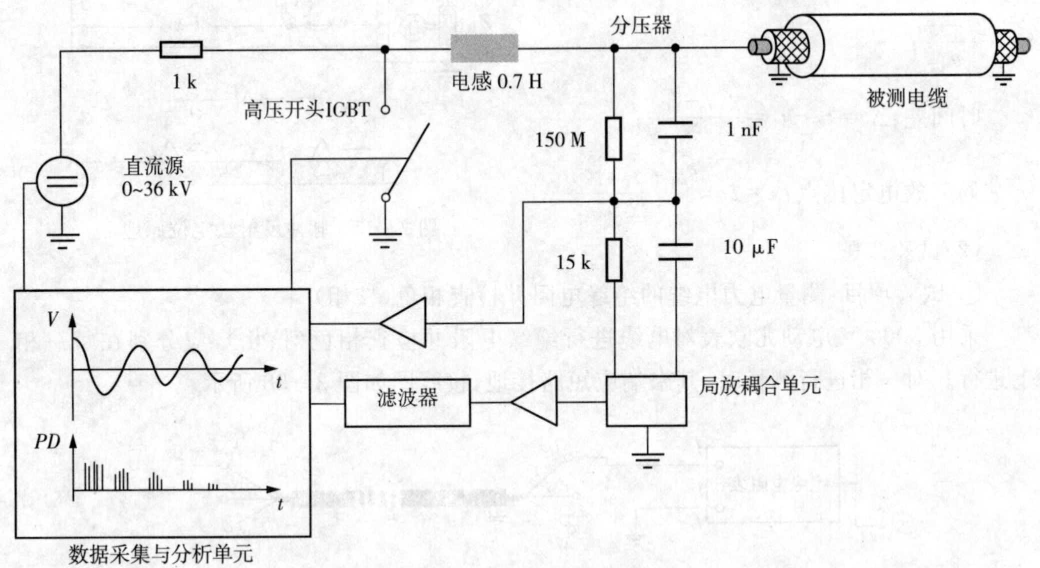

图 2 - 35　OWTS 检测原理电路图

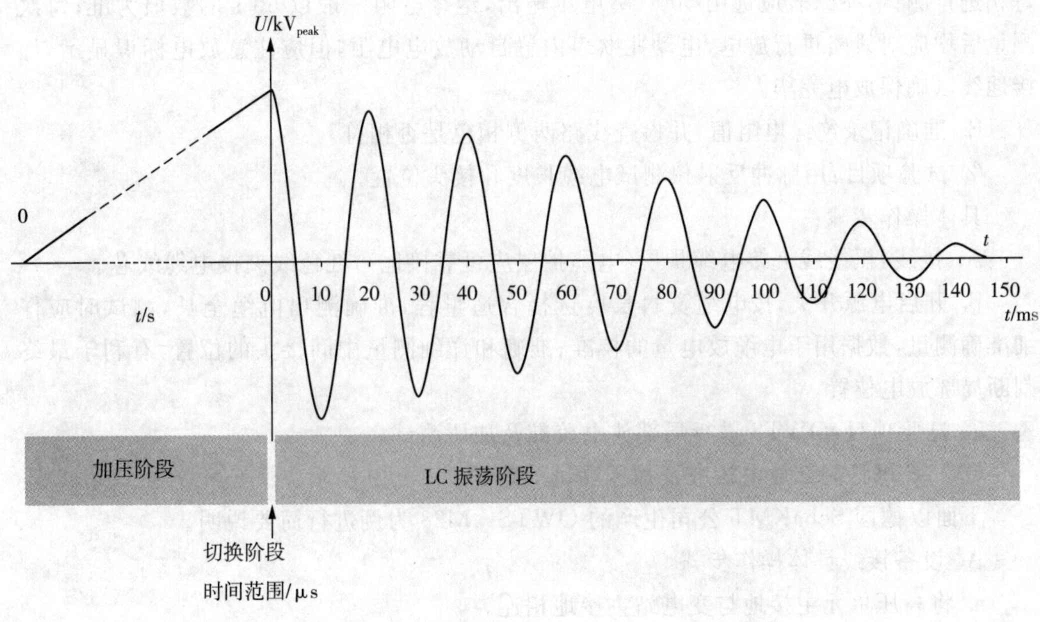

图 2 - 36　OWTS 内部振荡电压波形工作过程图

原始局部放电电压脉冲(入射波):

$t_1=\frac{x}{v}$;

反射局部放电电压脉冲(反射波):

$t_2=\frac{2l-x}{v}$;

时间差:$\Delta t=t_2-t_1=\frac{2(l-x)}{v}$;

局部放电定位点:$x=l-\frac{(t_2-t_1)\times v}{2}$。

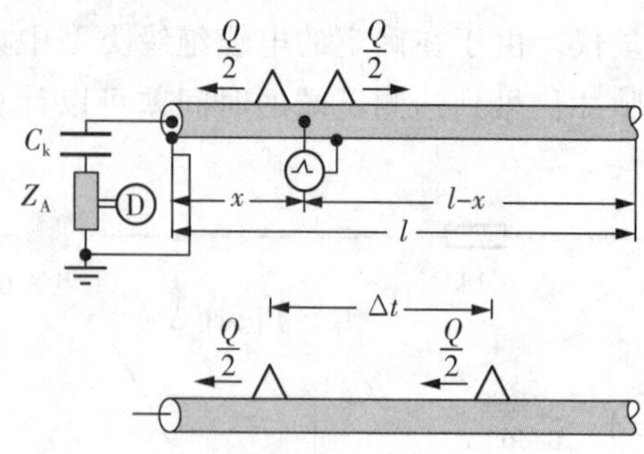

图 2-37　脉冲反射法定位原理

(2)试验步骤

① 试验项目:测量电力电缆的绝缘电阻并检查相色(核相)。

采用 5000 V 电动兆欧表对电缆进行绝缘电阻并检查相色(核相),应分别在每一相上进行。对一相进行测量时,其末端应短路接地,接线图如图 2-38 所示。

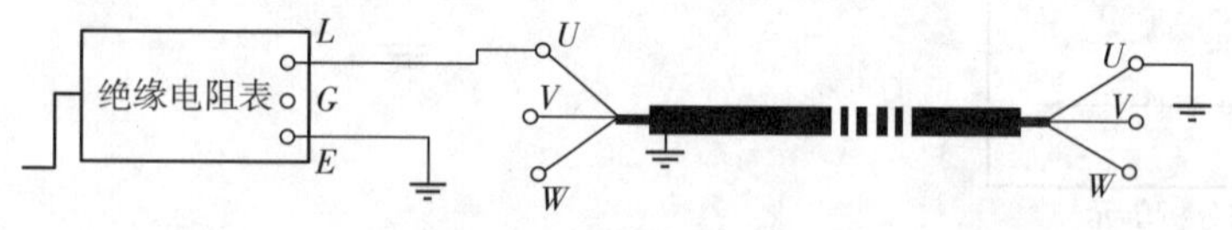

图 2-38　接线图

具体操作步骤:

A. 兆欧表应平稳放置,接线正确,高压导线应绝缘良好,利用 5000 V 电动兆欧表对每相进行测试,兆欧表应选用 5000 V 电压输出,绝缘电阻一般以 60 s 的数值为准;每次测量后均应对线路进行放电,电动兆欧表内置自动放电电阻,但应注意放电标识显示,加接地线以确保放电完毕。

B. 准确记录绝缘电阻值,并检查线路两侧相色是否相符。

② 试验项目:用脉冲反射仪测试电缆长度和接头位置。

具体操作步骤:

A. 接线:黑线线夹接电缆护层(电缆护层应可靠接地),红色线夹接电缆线芯。

B. 开启电源开关,按电缆资料长度选择合适量程,准确测出电缆全长,测试时应仔细准确测量,数据用于电缆放电量的校准;准确和详细测量中间接头的位置,有利于最终判断局部放电位置。

③ 试验项目:OWTS 进行局部放电校准及加压测试。

OWTS 进行局部放电校准及加压测试线路如图 2-39 所示。

下面以德国 SebaKMT 公司生产的 OWTS-M28 为例进行简要说明。

A. 设备接线具体操作步骤

a. 将高压单元主接地与变电站主接地相连。

b. 将放电棒与变电站主接地相连。

c. 将高压开关控制连线连接至控制盒。

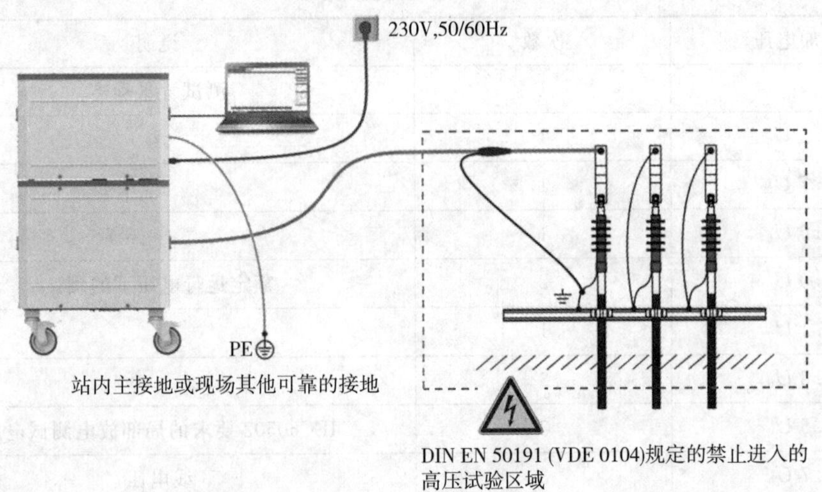

图 2－39　OWTS 系统进行局部放电校准及加压测试

d. 将直连网线连接至笔记本电脑。

e. 将高压测试电缆连接好。

f. 将高压单元电源线与电源连接。

B. 启动设备操作步骤：

a. 开启高压单元开关，等待高压单元连接面板上黄灯熄灭后启动笔记本电脑。

b. 单击电脑桌面上 OWTS 图标，将笔记本电脑与高压单元连接。

c. 出现 OWTS 测试界面。

C. 输入被测电缆明细操作步骤：启动 OWTS 测试界面后按要求输入被测电缆有关参数。

D. 局部放电校准：将局部放电校准仪连线的接线端分别夹在被测电缆的线芯和屏蔽上。局部放电校准仪的输出频率有 100 Hz 和 400 Hz，请将频率设定在 $f=100$ Hz。如发现无法校准请检查输出频率。

局部放电测试操作步骤：

a. 启动高压单元开关：将高压安全钥匙开启，绿灯亮；按下高压控制开关绿色按键，红灯亮，高压启动。

b. 选择被测电缆相位、振荡电压周期及测试电压模式。

c. 输入测试电压，选择局部放电测试范围。

d. 逐级加压并保存局部放电测试数据。

在配网电缆进行 OWTS 测试时，应按照下列测试步骤进行加压并在《OWTS－现场测试记录表》上记录相应数据（见表 2－13 所列和如图 2－40 所示）。

0 kV 下测量环境干扰；按 0.5 U_0、0.7 U_0、0.9 U_0、1.0 U_0 1.1 U_0、1.3 U_0、1.5 U_0、1.7 U_0、2.0 U_0逐级加压；保存每次有效的测试数据；保存 PDIV；1.0 U_0、1.5 U_0、1.7 U_0、2.0 U_0多测几次；保存 PDEV；再次测量 1.0 U_0、0 kV 并保存。

表 2-13 电压施加步骤

施加电压	次数	说明
0	1	测试背景噪声
0.5 U_0	1	
0.7 U_0	1	
0.9 U_0	1	
1.0 U_0	2	额定运行电压下的测试
1.1 U_0	1	
1.3 U_0	3	
1.5 U_0	3	IEC60502 要求的局部放电测试电压
1.7 U_0	3	线电压
1.0 U_0	1	
0	1	对电缆放电

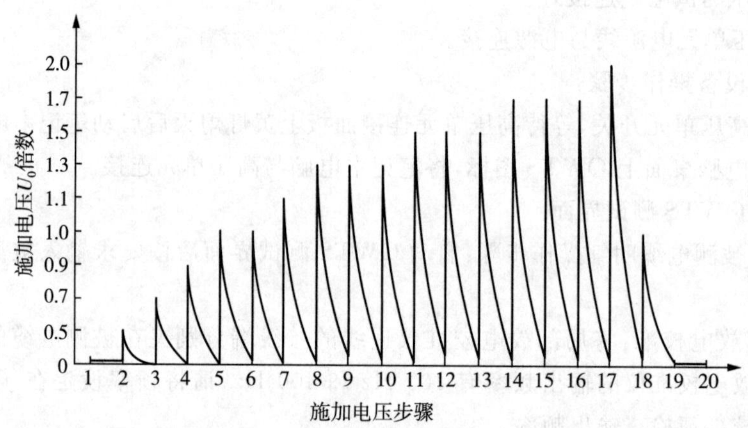

图 2-40 电压施加步骤示意图

e. 对被测电缆和高压单元放电并换相测试。

f. 关闭高压单元，将被测电缆接地。

8. 测试注意事项

① 局部放电测试涉及高压操作，必须落实上述危险点管控措施和注意事项，确保操作现场的绝对安全。

② 加压测试要逐相进行，非测试相必须可靠接地。测试完成一相后，关闭外部控制开关，对该相及设备高压端进行充分放电后，才能进行下一相的试验接线及加压测试。

③ OWTS-28M 推荐测试电缆范围(0.15～5 km)；电力电缆长度超过 3 km，建议采取两端测试。

④ 为了保证测试效果，需要将高压测试电缆的屏蔽与被测电缆的屏蔽相连，而不是

直接与主接地相连。

⑤ 对于 10 kV 配电电缆长度小于 300 m 时需安装并联电容器进行测试。

⑥ 采取有效措施后 0 kV 下测量环境干扰超过 500 pC 时，应该选择在电缆对侧测试。

9. 测试结果分析及测试报告编写

(1)测试结果分析

判定合格标准:对新投运的电缆线路，最高试验电压 2 U_0，接头局部放电不得超过 300 pC、本体不得超过 100 pC、终端不得超过 3000 pC 时，否则应进行更换。

(2)测试报告编写

选择受试产品相关的全部详细资料，包括电缆名称、电压等级、电缆类型、电缆长度等，以及检测设备型号、编号，天气情况等。

2.6.2　高压电力电缆入网强制检测试验

1. 试验目的

近些年经济发展迅速，极大地推动了电力电缆行业的扩张，市场需求巨大，造成了假冒伪劣产品肆意横行，酿成很多人身、财产安全事故。为保障电网建设及电力系统安全稳定运行，保证电力物资招标采购工作的顺利实施，特开展高压电力电缆入网强制检测，以加强对入网电力电缆质量的控制。

2. 抽检比例

对于新建、改扩建工程 10 kV 和 35 kV 电力电缆，每个供应商、每个批次、每种型号抽取比例不小于 5%(最少 1 个工程)。

3. 检测时机及方式

在设备安装前取样送检。该试验为破坏性试验，抽检试样不可再用于工程。

4. 危险点分析及控制措施

(1)防止机械伤害

电缆制样时，导地线应采取适当的方式进行固定，并佩戴好防割手套、防护面罩等。卷绕操作时，应将长发盘起或置于帽子内，袖口应扣好，防止长发、衣物卷入旋转机械。

(2)防止高温伤害

遇烘箱操作时，应佩戴隔热手套，皮肤不得外露。

(3)防止触电伤害

通往试验区的安全遮拦门与试验电源之间设置联锁装置并装设安全信号灯。试验人员与高压引线及高压带电部位保持足够的安全距离，10 kV 为 0.7 m，35 kV 为 1 m。进入试验现场正确穿戴绝缘鞋，使用接地操作棒放电时正确佩戴绝缘手套，操作台位置增加绝缘垫。

5. 测试前的准备工作

(1)检测设备准备

计量仪器和设备选择数字式微欧表、电线电缆绝缘层测试仪、数字式投影仪、微机控制电子万能试验机、自然换气老化试验箱、千分尺、数显卡尺、钢直尺、半导电屏蔽电阻率测试仪、交联切片机、胶带剥离试验机等。辅助设备选择铜丝、电缆剪、切割机、刨片机等。

试验前,检查试验所需设备是否能正常运转,是否能满足试验要求。确保所需仪器可正常使用,检测类设备在校准周期内。

(2)样品制备

根据各类试验标准要求,制取试验所需试样。

(3)试验标准

检查试验标准是否现行有效,并熟练掌握作业步骤。

6. 检测标准

按照产品供货合同 Q/GDW 13238—2018《10 kV 电力电缆采购标准》、Q/GDW 13239—2018《35 kV 电力电缆采购标准》等执行。

7. 测量原理与测试步骤

(1)测量原理

对 10 kV、35 kV 电力电缆展开导体直流电阻、结构尺寸、绝缘老化前机械性能、绝缘热延伸、导体屏蔽、绝缘屏蔽、金属屏蔽(铜带屏蔽)等七个维度的检测,以评估入网电力电缆的质量。

(2)测试步骤

① 导体直流电阻试验操作步骤:

A. 试验前的准备:试验时,试样应在温度为 5~35 ℃的试验环境中放置至少12 h以上,使之达到温度平衡,环境温度的变化不超过±1 ℃。

B. 取样:从被试电缆上切取长度不小于 1.5 m 的试样。去除试样导体外表面绝缘、护套或其他覆盖物,也可以只去除试验两端与测量系统相连接部位的覆盖物,露出导体。去除覆盖物时应小心进行,防止损伤导体。

C. 测试:试样在接入测量系统前,应预先清洁连接部位的导体表面,去除附着物、污秽、油垢和氧化层;采用四端子法测量。绞合导线的全部单丝应可靠地与测量系统的电流夹头相连接,每个电位接点和相应的电流接点之间的间距应不小于试样断面周长的 1.5 倍;为消除由接触电势和热电势引起的测量误差,应采用电流换向法。

D. 例行试验时,温度为 20 ℃每千米长度电阻值按式(2-24)计算:

$$R_{20}=R_{\mathrm{x}}K_{\mathrm{t}}\times\frac{1000}{L} \tag{2-24}$$

式中:R_{20}——20 ℃时每千米长度电阻值,单位为 Ω/km;

R_{x}——t ℃时 L 长电缆的实测电阻值,单位为 Ω;

K_{t}——测量环境温度为 t ℃时的电阻温度校正系数;

L——试样的测量长度,单位为 m;

K_{t}——按式(2-25)计算:

$$K_t=\frac{1}{1+0.004(t-20)}=\frac{250}{230+t} \tag{2-25}$$

式中：t——测量时的导体温度（环境温度），单位为℃。

② 结构尺寸检查

A. 结构尺寸检查（绝缘层偏心率）操作步骤

a. 取样：从绝缘层上去除所有护层，抽出导体和隔离层（若有的话）。小心操作以免损坏绝缘，内外半导电层若与绝缘粘连在一起，则不必去掉。

b. 制样：每一试件由一绝缘层薄片组成，应用适当的工具沿着与导体轴线相垂直的平面切取薄片。无护套扁平软线的线芯不应分开。薄片的厚度应不小于 0.8 mm，且不大于 2.0 mm。

c. 测量：将试件置于装置的工作面上，切割面与光轴垂直。当试件内侧为圆形时，应按图 2-41 径向测量 6 点。如实扇形绝缘线芯则按图 2-42 测量 6 点。当绝缘是从绞合导体上截取时，应按图 2-43 和图 2-44 测量 6 点。

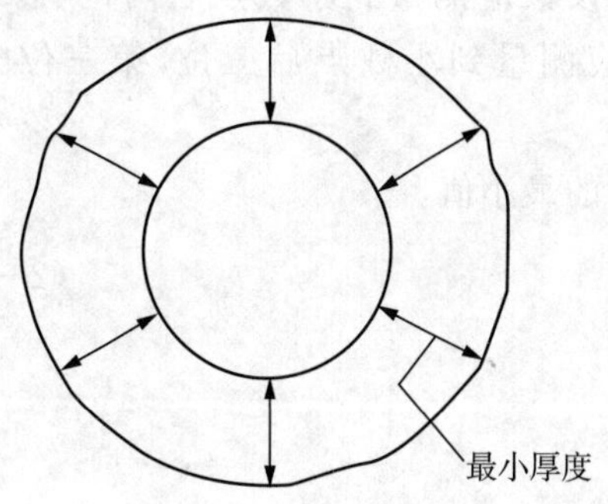

图 2-41　绝缘和护套厚度测量（圆形内表面）

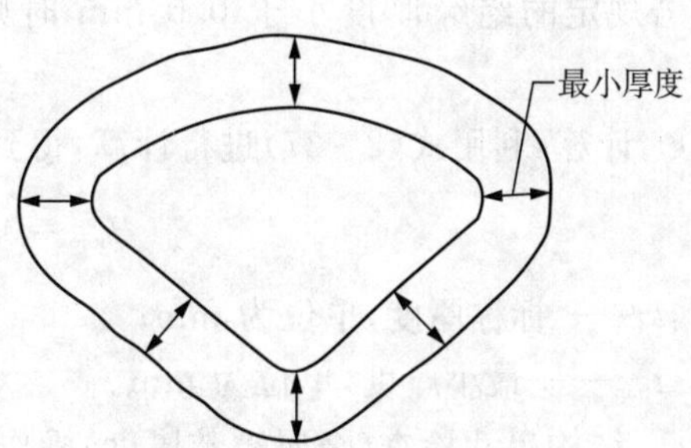

图 2-42　绝缘厚度测量（扇形导体）

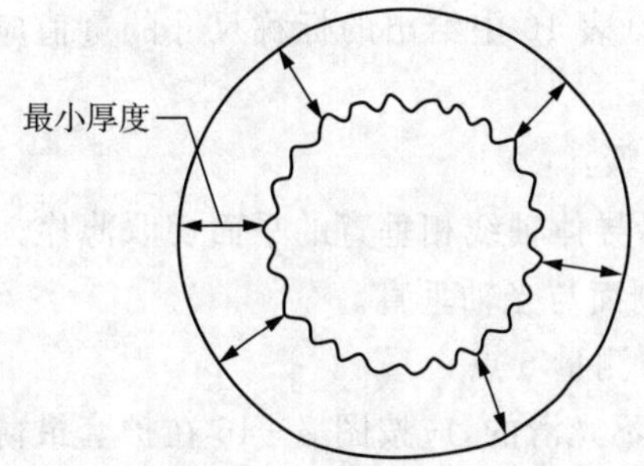

图 2-43　绝缘厚度测量（绞合导体）

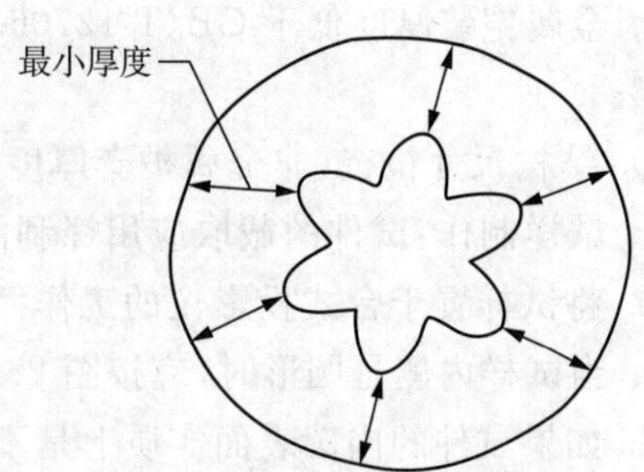

图 2-44　绝缘厚度测量（绞合导体）

d. 计算：利用式（2-26）进行计算，得到绝缘层的偏心率。

$$偏心率=\frac{t_{max}-t_{min}}{t_{max}} \tag{2-26}$$

式中：t_{max}——最大厚度，单位为 mm；

t_{min}——最小厚度，单位为 mm。

B. 结构尺寸检查（绝缘层厚度）操作步骤

a. 取样：从绝缘上去除所有护层，抽出导体和隔离层（若有的话）。小心操作以免损坏绝缘，内外半导电层若与绝缘粘连在一起，则不必去掉。

b. 制样：每一试件由一绝缘薄片组成，应用适当的工具沿着与导体轴线相垂直的平面切取薄片。无护套扁平软线的线芯不应分开。薄片的厚度应不小于 0.8 mm，且不大于 2.0 mm。

c. 测量：将试件置于装置的工作面上，切割面与光轴垂直。当试件内侧为圆形时，应按图 2-41 径向测量 6 点。如实扇形绝缘线芯则按图 2-42 测量 6 点。当绝缘是从绞合导体上截取时，应按图 2-43 和图 2-44 测量 6 点。当试件外表面凹凸不平时，应按图 2-45测量 6 点。当绝缘层内、外均有不可去除的屏蔽层时，屏蔽层厚度应从测量值中减去。在任何情况下，第一次测量应在绝缘最薄处进行。

d. 若规定的绝缘厚度为 0.5 mm 及以上时，读数应测量到小数点后两位（以 mm 计）；若规定的绝缘厚度小于 0.5 mm 时则读数应测量到小数点后三位，第三位为估计数。

e. 计算：利用式（2-27）进行计算，得到绝缘层的最小值。

$$t_{min}=0.9t_n-0.1 \tag{2-27}$$

式中：t_n——标称厚度，单位为 mm；

t_{min}——最小厚度，单位为 mm。

C. 结构尺寸检查（金属铠装厚度）操作步骤

a. 剥出铠装层，用两个直径 5 mm 平测头、精度±0.01 的千分尺进行测量。

b. 对带宽为 40 mm 及以下的金属带应在宽度中央测其厚度，对更宽的带子应在距其每一边缘 20 mm 处测量，取其平均值作为金属带厚度。

c. 金属铠装厚度低于 GB/T 12706.2—2020 表 10 中给出的标称尺寸的量值应不超过 10%。

D. 结构尺寸检查（非金属护套厚度）操作步骤：

a. 试样制作：试件的截取应用锋利的刀具沿导体轴线相垂直的平面切取薄片。

b. 将试样置于台式投影仪的工作面上，切割面与光轴垂直。

c. 当试样内侧是圆形时，应按图 2-41 径向测量 6 点。

d. 如果试件的内圆表面实质上是不规整或不光滑的，应按图 2-46 在护套最薄处径向测量 6 点。

e. 当试件内侧有导体造成很深的凹槽时，应按图 2-47 在每个凹槽底部径向测量，当凹槽数目超过 6 个时，应按步骤 b. 进行测量。

f. 当刮胶带或肋条形护套外形引起的护套外表面不规整时，应按图 2-48 进行测量。

g. 在任何情况下，应有一次测量在护套最薄处进行。在任何情况下，压印标记凹痕处的护套厚度应符合有关电缆产品标准中规定的最小值。

h. 外护套标称厚度值为 $T_s = 0.035D + 1.0$，隔离套标称厚度值为 $T_s = 0.02D_u + 0.6$，具体计算参照 GB/T 12706.2—2020。

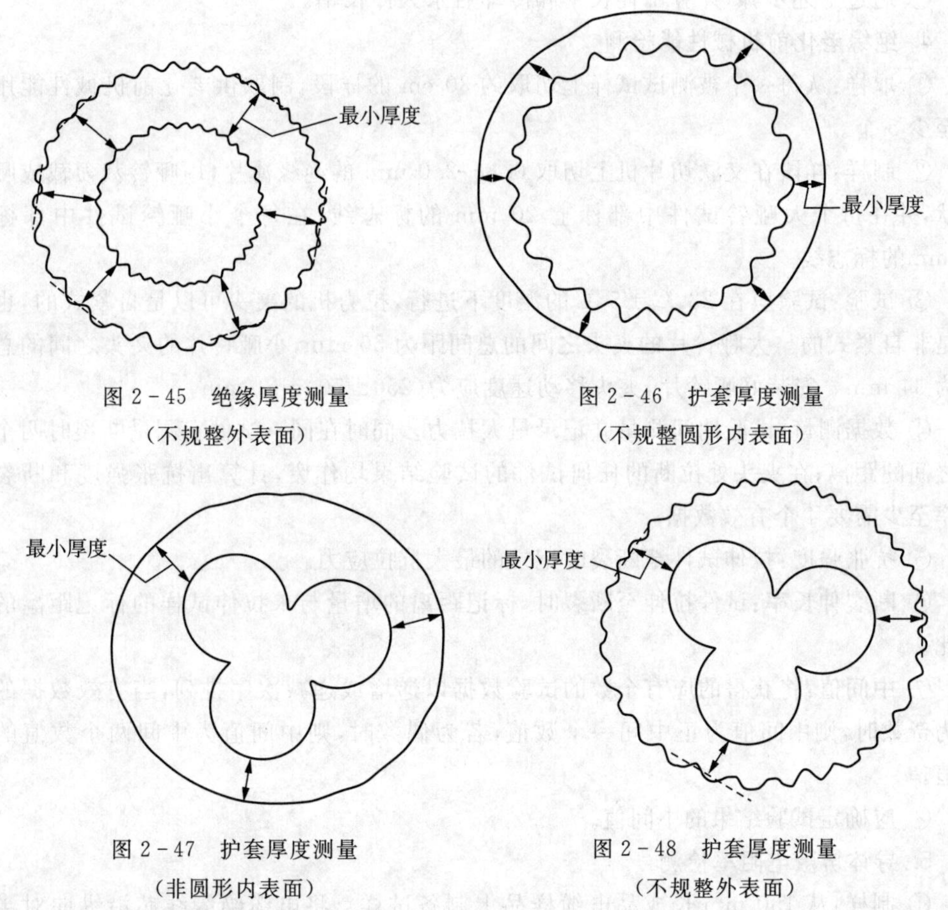

图 2-45　绝缘厚度测量（不规整外表面）

图 2-46　护套厚度测量（不规整圆形内表面）

图 2-47　护套厚度测量（非圆形内表面）

图 2-48　护套厚度测量（不规整外表面）

3. 绝缘热延伸检测

① 从每一个被测试样上制取两个 20～30 cm 样段，在交联切片机上切取 0.8～2.0 mm 的绝缘薄片，用哑铃裁刀裁成哑铃形状，并在每个大哑铃试件中部标上 20 mm 的标志线，在每个小哑铃试件中部标上 10 mm 的标志线。

② 计算哑铃试件的截面积（截面积＝试样宽度×测量的最小厚度）。需要注意的是，应使用光学仪器进行测厚，测量时接触压力不超过 0.07 N/mm²。任意选取三个试件测量它们的宽度，取最小值作为该组哑铃试件的宽度。

③ 通过计算出来的哑铃试件的截面积，计算出 20 N/cm² 的机械应力应悬挂多少克的砝码。

④ 试件悬挂在老化箱中，在下夹头上加砝码。悬挂过程应尽可能快，以使老化箱开门时间最短，当老化箱温度回升到规定温度，试件在老化箱中再保持 15 min 后，测量标记线间的距离并计算伸长率。

⑤ 在下夹头处剪断试样，并将试件留在老化箱中恢复，试件保留在老化箱中 5 min。或者等到老化箱温度回升到规定温度，取较长时间。然后从老化箱中取出试件，慢慢冷却至室温，再次测量标记线间的距离。

⑥ 通过上述步骤，计算出伸长率和冷却后永久伸长率。

4. 绝缘老化前机械性能检测

① 取样：从每一个被测试试样上切取约 30 cm 的样段，制取供老化前机械性能用试件至少 5 个。

② 制样：样段在交联切片机上切取 0.8～2.0 mm 的绝缘薄片，用哑铃裁刀裁成哑铃形状，并在每个大哑铃试件中部标上 20 mm 的标志线，在每个小哑铃试件中部标上 10 mm的标志线。

③ 试验：试验应在 23 ℃±5 ℃的温度下进行，拉力机的夹头可以是自紧式的，也可以是非自紧式的。大哑铃片的夹头之间的总间距为 50 mm，小哑铃片的夹头之间的总间距为 34 mm。安装好哑铃片，夹头移动速度应为(250±50)mm/min。

④ 数据测量：试验期间测量并记录最大拉力。同时在同一试件上测量断裂时两个标记之间的距离；在夹头处拉断的任何试件的试验结果均作废，计算出抗张强度和断裂伸长率至少需要 4 个有效数据。

⑤ 抗张强度：拉伸试件至断裂时记录的最大抗拉应力。

⑥ 断裂伸长率：试件拉伸至断裂时，标记距离的增量与未拉伸试样的标记距离的百分比。

⑦ 中间值：将获得的应有个数的试验数据以递增或递减次序排列，当有效数据的个数为奇数时，则中间值为正中间一个数值，若为偶数时，则中间值为中间两个数值的平均值。

⑧ 应确定试验结果的中间值。

5. 导体屏蔽电阻率检测

① 制样：从 150 mm 长成品电缆样品上制备试样。将电缆绝缘线芯沿纵向对半切开，除去导体以制备导体屏蔽试样，如有隔离层也应去除。

② 试样制备：将四只涂银电极用银胶粘合于半导电层内表面，粘合过程中，确保电极与半导体屏蔽层接触良好。两个电位电极间距 50 mm，两个电流电极相应地在电位电极外侧间隔至少 25 mm(如图 2-49 所示)。

③ 试验：将组装好的试样根据银胶性能，置于加热烘箱中，加速固化，待固化完全后，将试样放入预热到规定温度的烘箱中保温 30 min，随后用测试线路测量电极间电阻，测试线路的功率不超过 100 mW。

④ 测量：电阻测量后，在室温下测量导体屏蔽和绝缘的外径及导体屏蔽和绝缘屏蔽层的厚度。

⑤ 按照式(2-28)计算体积电阻率：

$$\rho_c = \frac{R_c \times \pi \times (D_c - T_c) \times T_c}{2L_c} \tag{2-28}$$

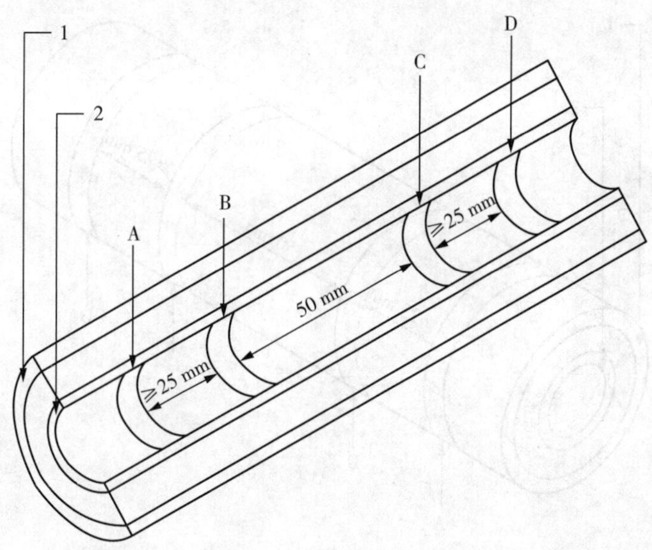

1—绝缘屏蔽层；2—导体屏蔽层；B、C—电位电极；A、D—电流电极。

图 2-49　导体屏蔽体积电阻率测量

式中：ρ_c——体积电阻率，单位为 Ω·m；

R_c——测量电阻，单位为 Ω；

D_c——电位电极间距离，单位为 m；

T_c——导体屏蔽外径，单位为 m；

L_c——导体屏蔽平均厚度，单位为 m。

6. 绝缘屏蔽电阻率和剥离力检测

(1)绝缘屏蔽电阻率检测

绝缘屏蔽电阻率检测方法同导体屏蔽电阻率测试，将绝缘线芯外所有保护层除去后制备绝缘屏蔽试片，测量如图 2-50 所示，不再赘述。

计算公式如式(2-29)：

$$\rho_i = \frac{R_i \times \pi \times (D_i - T_i) \times T_i}{2L_i} \tag{2-29}$$

式中：ρ_i——体积电阻率，单位为 Ω·m；

R_i——测量电阻，单位为 Ω；

D_i——电位电极间距离，单位为 m；

T_i——导体屏蔽外径，单位为 m；

L_i——导体屏蔽平均厚度，单位为 m。

(2)绝缘屏蔽剥离力检测

① 当制造商申明采用的挤包半导电绝缘屏蔽为可剥离型时，应进行本试验。

② 试验应在老化前和老化后的样品上各进行三次，可在三个单独的电缆试验上进行试验，也可以在同一个电缆试样上从成品电缆样品上沿圆周方向彼此间隔约 120°的三个

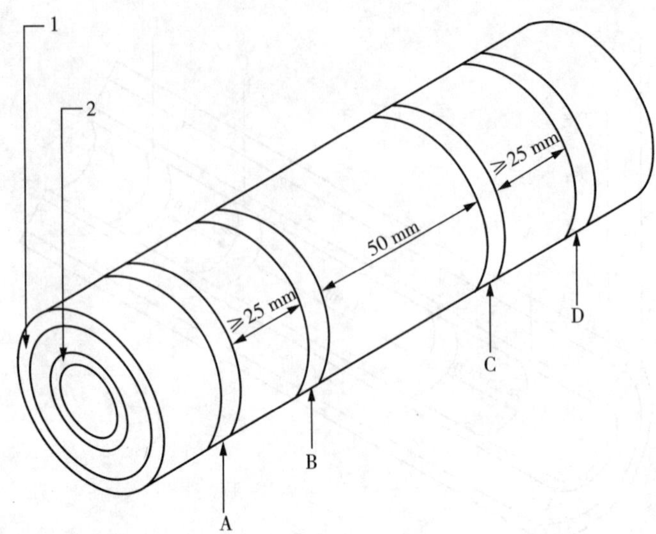

1—绝缘屏蔽层；2—导体屏蔽层；B、C—电位电极；A、D—电流电极。

图 2-50　绝缘屏蔽体积电阻率测量

不同位置上进行试验，试验应在 20 ℃±5 ℃下进行。

③ 应从老化前和按 GB/T 12706.2—2020 中 19.7.3 老化后的被测试电缆上取下长度至少 250 mm 的绝缘线芯。

④ 在每一个试样的挤包绝缘屏蔽表面上从试样一端到另一端向绝缘纵向切割两道彼此相隔宽(10±1)mm 相互平行的深入绝缘的切口。

⑤ 沿平行于绝缘线芯方向(剥切角近似于 180°)拉开长 50 mm、宽为 10 mm 的条形带后，将绝缘线芯垂直地装在拉力机上，用一个夹头夹住绝缘线芯的一端，将 10 mm 条形带夹在另一个夹头上。

⑥ 施加使 10 mm 条形带从绝缘分离的拉力，拉开至少 100 mm 长的距离。应在剥离角近似 180°和分离速度为(250±50)mm/min 条件下测量拉力。

⑦ 对未老化和老化后的试样应连续地记录剥离力的数值。

7. 金属屏蔽(铜带屏蔽)检测

① 铜带厚度测量方法：应使用具有两个直径为 5 mm 平测头，精度为±0.01 的千分尺进行测量，对带宽为 40 mm 及以下的金属带应在宽度中央测其厚度；对更宽的带子应在距其每一边缘 20 mm 处测量，取其平均值作为金属带厚度。

② 铜屏蔽搭盖率测量方法：截取试样，剥出多余部分直到露出铜屏蔽层，两头用胶布包裹住防止屏蔽层松动，用钢直尺沿屏蔽层绕包方向测量出铜带屏蔽宽度以及铜带屏蔽搭盖部分的宽度并通过式(2-30)计算出金属屏蔽搭盖率：

$$搭盖率=铜屏蔽搭盖宽度\div铜屏蔽总宽度 \tag{2-30}$$

8. 测试注意事项

① 测量导体直流电阻的制样过程中尽可能不损伤线缆导体，应避免夹持装置直接刺

入测定电阻值。

② 进行结构尺寸检测时，如果绝缘层上有压印标记凹痕，应取包含该标记的一段。当绝缘层内、外均有不可去除的屏蔽层时，屏蔽层厚度应从测量值中减去。

③ 有机械损伤的任何试样均不应用于试验。

④ 哑铃试件应在除去所有凸脊和/或半导电层后从绝缘内层制取。

⑤ 在绝缘热延伸试验过程中，必须采用适当的防护措施以避免夹子过热，负载和试件有可能造成的损伤。

⑥ 检查仪表的初始状态，其指示是否正确无误。

⑦ 检查检测环境条件是否符合仪器使用要求，检查电源电压，频率是否与检测仪器的要求相符。

⑧ 对金属外壳的仪器应稳妥接地，非金属外壳的仪器应置于绝缘台上，仪器的安装置放地应方便查看，且无触及带电部位的危险，需固定的工件应可靠坚固。对易受磁场干扰的仪器应有屏蔽，对要求严格防电磁干扰的仪器则应置于屏蔽良好的检测室内。

⑨ 在检测过程中，经过多次测量时，若发现检测数据重复性较差时，应查明原因。在检测中，若发现设备或仪器、仪表损坏时，应立即停止试验，查明原因，经处理后（如改用其他合格仪表）征得现场负责人同意才可以重新工作，并做好记录。

9. 测试结果分析及测试报告编写

(1)测试结果分析

电力电缆入网检测判定合格标准。

① 结构尺寸标准：

A. 10 kV 电缆：绝缘最薄点厚度不小于 4.1 mm，平均厚度不小于绝缘的标称厚度 4.5 mm；绝缘偏心度不大于 10%（对于 A 类优质设备，绝缘偏心度不应大于 8%）；外护套厚度平均值不应小于标称值，对于非铠装电缆和护套不直接包覆在铠装、金属屏蔽或同心导体上的电缆最小厚度不应小于标称值的 85%，直接包覆在铠装、金属屏蔽或同心导体上的护套最小厚度不应小于标称值的 80%。

B. 35 kV 电缆：绝缘最薄点厚度不小于 9.5 mm，平均厚度不小于绝缘的标称厚度 10.5 mm；绝缘偏心度不大于 10%；金属铠装采用双层镀锌钢带或涂漆钢带，螺旋绕包两层，外层钢带的中间大致在内层钢带间隙上方，包带间隙不应大于钢带宽度的 50%，绕包应平整光滑，3 mm×240 mm 以上电缆的钢带标称厚度为 0.8 mm，3 mm×240 mm 以下电缆的钢带标称厚度为 0.5 mm。金属丝铠装应紧密，钢丝直径应符合 GB/T 12706.3—2020 的要求。非金属外护套最薄点厚度不小于标称厚度的 90%，平均厚度不小于标称厚度。

② 绝缘热延伸标准：电缆的伸长率（负载 15 min）均不大于 125%；冷却后永久伸长率均不大于 10%。

③ 绝缘老化前机械性能标准：老化前抗张强度不小于 12.5 MPa，断裂伸长率不小于 200%。

④ 导体直流电阻标准：应满足 GB/T 3956—2008 中表 1、表 2、表 3、表 4 的规定（对

A类优质设备，导体电阻应优于GB/T 3956—2008规定最大值的5%）。

⑤ 导体屏蔽标准：电阻率不大于1000 Ω·m（对A类优质设备，导体屏蔽体积电阻率不应大于800 Ω·m）。

⑥ 绝缘屏蔽标准：电阻率不大于500 Ω·m（对A类优质设备，绝缘屏蔽体积电阻率不应大于400 Ω·m）；剥离力4～45 N(10 kV)、8～45 N(35 kV)，且剥离力检测后绝缘表面应无损伤及残留的半导电屏蔽痕迹。

⑦ 金属屏蔽（铜带屏蔽）标准：铜带屏蔽由一层重叠绕包的软铜带组成，绕包连续均匀、平整光滑、没有断裂。铜带间的平均搭盖率不应小于15%（标称值），其最小搭盖率不应小于5%，对A类优质设备，铜带间的最小搭盖率不应小于10%。软铜带应符合GB/T 11091—2014规定，铜带标称厚度为单芯电缆：≥0.12 mm，三芯电缆：≥0.10 mm。铜带的最小厚度不应小于标称值的90%。

(2)测试报告编写

试验报告应包含受试产品相关的全部详细资料，包括工程名称、制造商、型号、电压等级、环境温湿度、所有试验仪器及其编号等。

2.6.3 高压电力电缆隧道防火板(槽盒)入网试验

1. 试验目的

电缆隧道的设计都考虑着火风险和潜在的着火危险。电缆隧道内设置防火槽盒的目的是在隧道内着火的情况下，有效地隔离着火点与其他部位，防止故障规模扩大。该试验是为验证入网设备达到所要求的燃烧性能，尽可能减小设备着火范围。

在规定条件下的材料燃烧试验对比较不同材料的相对燃烧行为、控制制造工艺或评价燃烧特性的变化具有重要意义。试样的形状、方向和试样周围环境以及引燃条件都会对试验结果造成影响。

2. 抽检比例

选取新建、改扩建电缆隧道工程中电缆隧道防火板（槽盒），制作成3个样品进行试验，每个供应商、每个批次、每种型号抽检比例不低于5%（最少1个工程）。

3. 检测时机及方式

在出厂验收阶段或到货验收阶段对电缆防火板（槽盒）进行取样送检。该试验为破坏性试验，试验后样品不可再用于工程现场。

4. 危险点分析及控制措施

① 防止人员烫伤及失火。

② 注意与试验火苗保持安全距离，防止直接接触火苗，做好安全防护措施，避免烫伤。现场要配置满足标准要求的消防器具和应急处理队伍，严谨单独进行试验，操作人员应在专人监护下进行规范操作。

5. 测试前的准备工作

(1)了解被试设备现场情况及试验条件

查勘现场，查阅相关技术资料，掌握检测设备运行及缺陷情况。

(2)测试仪器、设备准备

选择实验室通风橱/试验箱、实验室喷灯、环形支架、计时设备、量尺、金属网丝、状态调解室、千分尺、支撑架、干燥试验箱、空气循环烘箱、棉花垫等,并查阅测试仪器、设备及可能用到的绝缘器具的检定证书有效期。

(3)做好试验现场安全和技术措施

向其余试验人员交代工作内容、带电部位、现场安全措施、现场作业危险点,明确人员分工及试验程序。

6. 检测标准

GB/T 8924—2005《纤维增强塑料燃烧性能试验方法　氧指数法》、GB/T 2408—2008《塑料　燃烧性能的测定　水平法和垂直法》。

7. 测量原理与测试步骤

(1)测量原理

① 氧指数法测量原理:

将试样垂直固定在燃烧筒中,使氧、氮混合气流由下向上流过,点燃试样顶端,同时计时和观察试样燃烧长度,与所规定的判据相比较。在不同的氧浓度中试验一组试样,测定试样刚好维持平稳燃烧时的最低氧浓度,用混合气中氧含量的体积分数表示。

② 水平法和垂直法测量原理:

将长方形条状试样的一端固定在水平或垂直夹具上,其另一端暴露于规定的试验火焰中。通过测量线性燃烧速率,评价试样的水平燃烧行为;通过测量其余焰和余辉时间、燃烧的范围和燃烧颗粒滴落情况,评价试样的垂直燃烧行为。

(2)测试步骤

① 氧指数法测试步骤:

A. 试样测量。测量试样尺寸,厚度准确至 0.01 mm。

B. 设备检查。试验前,应转动阀门,检查连接处是否漏气。

C. 开始试验时氧浓度的确定。根据经验或试样在空气中点燃的情况,估计开始试验时氧浓度。若在空气中迅速燃烧,则开始试验时的氧浓度为 18%左右;若在空气中缓慢燃烧或时断时续,则开始试验时的氧浓度为 21%左右;若在空气中离开点火源即灭,则开始试验时的氧浓度至少为 25%以上。

D. 安装试样。将试样夹在夹具上,并垂直地安装在燃烧筒的中心位置上,保证试样顶端低于燃烧筒顶端至少 100 mm,试样暴露部分最低处应高于燃烧筒底部至少 100 mm。

E. 调节气体控制装置。用步骤 C 中确定的氧浓度,以(40±2) mm/s 的速度,洗涤燃烧筒至少 30 s。

F. 点燃试样。使火焰的最低可见部分接触试样顶端并覆盖整个页表面,勿使火焰碰到试样的棱边和侧表面,在确认试样顶端全部着火后,立即移去点火器,开始记时。需要注意的是,点燃试样时,火焰作用时间最长为 30 s,若在 30 s 内不能点燃,则应增大氧浓度,继续点燃,直至 30 s 内点燃为止。

G. 燃烧行为观察和记录。

a. 反复进行如下操作:试样燃烧时间大于 3min,则降低氧浓度;试样燃烧时间小于 3min,则增加氧浓度。测得三次试样燃烧时间为 3 min 以上的最低氧浓度,即为氧浓度值,但上述两种操作所得的氧浓度之差应小于 0.5%。在燃烧过程中流量不能改变,也不能打开排烟系统。

b. 应记下材料燃烧特性,如熔滴、烟灰、结炭、漂游性燃烧、灼烧、余辉或其他需要记录的特性。

② 水平燃烧法测试步骤:

A. 测量三根试样,每个试样在垂直于样条纵轴处标记两条线,各自离点燃端(25±1)mm 和(100±1)mm。

B. 在离 25 mm 标线最远端夹住试样,使其纵轴近似水平而横轴与水平面成 45°±2′的夹角。在试样的下面夹住一片呈水平状态的金属丝网,试样的下底边与金属丝网间的距离为(10±1)mm,而试样的自由端与金属丝网的自由端对齐。每次试验应清除先前试验遗留在金属丝网上的剩余物或使用新的金属丝网。

C. 如果试样的自由端下弯同时不能保持步骤 B 规定的(10±1)mm 的距离时,应使用支撑架。把支撑架放在金属丝网上,使支撑架支撑试样以保持(10±1)mm 的距离,离试样自由端伸出的支撑架的部分近似 10 mm 在试样的夹持端要提供足够的间隙,以使支撑架能在横向自由地移动。

D. 使喷灯的中心轴线垂直,把喷灯放在远离试样的地方,同时调整喷灯,使喷灯达到稳定的状态。

E. 保持喷灯管中心轴与水平面近似成 45°角,同时斜向试样自由端,把火焰加到试样自由端的底边,此时喷灯管的中心轴线与试样纵向底边处于同样的垂直平面上。喷灯的位置应使火焰侵入试样自由端近似 6 mm 的长度。

F. 随着火焰前端沿着试样进展,以近似同样的速率回撤支撑架,防止火焰前端与支撑架接触,以免影响火焰或试样的燃烧。

G. 不改变火焰的位置施焰(30±1)s,如果低于 30 s 试样上的火焰前端达到 25 mm 处,就立即移开火焰。当火焰前端达到 25 mm 标线时,重新启动计时器。

H. 在移开试验火焰后,若试样继续燃烧,记录经过的时间 t,单位为 s,火焰前端通过 100 mm 标线时,要记录损坏长度 L 为 75 mm。如果火焰前端通过 25 mm 标线但未通过 100 mm 标线的,要记录经过的时间 t,单位为 s,同时还要记录 25 mm 标线与火焰停止前标痕间的损坏长度 L,单位为 mm。

I. 另外再试验两个试样。

J. 如果第一组三个试样中仅一个试样不符合判据,应再试验另一组三个试样。第二组所有试样应符合相关级别的判据。

需注意的是,除非另有要求,上述试验通常采用如下条件:一组三根条状试样,应在(23±2)℃和 50%±5%相对湿度下至少状态调节 48 h。一旦从状态调节箱中移出试样,应在 1 h 以内测试试样。所有试样应在 15~35 ℃和 45%~75%相对湿度的实验室环境中进行试验。

③ 垂直燃烧法测试步骤：

A. 夹住试样上端 6 mm 的长度，纵轴垂直，使试样下端高出水平棉层(300±10) mm，棉层厚度未经压实，其尺寸近似 50 mm×50 mm×6 mm，最大质量为 0.08 g。

B. 喷灯管的纵轴处于垂直状态，把喷灯放在远离试样的地方，同时调整喷灯，使其产生符合 IEC 60695－11－4：2004 A.B 或 C 的标准 50 W 试验火焰。等待 5 min，以使喷灯状态达到稳定。

C. 使喷灯管的中心轴保持垂直，将火焰中心加到试样底边的中点，同时使喷灯顶端比该点低(10±1)mm，保持(10±0.5)s，必要时，根据试样长度和位置的变化，在垂直平面移动喷灯。

如果在施加火焰过程中，试样有熔融物或燃烧物滴落，则将喷灯倾斜 45°角，并从试样下方后撤足够距离，防止滴落物进入灯管，同时保持灯管出口中心与试样残留部分间距离仍为(10±1)mm，呈线状的滴落物可忽略不计。对试样施加火焰(10±0.5)s 之后，立即将喷灯撤到足够距离，以免影响试样，同时用计时设备开始测量余焰时间 t_1，单位为 s，注意并记录 t_1。

D. 当试样余焰熄灭后，立即重新把试验火焰放在试样下面，使喷灯管的中心轴保持垂直的位置，并使喷灯的顶端处于试样底端以下(10±1)mm 的距离，保持(10±0.5)s。如果需要，如所述的，移开喷灯清除滴落物。在第二次对试样施加火焰(10±0.5)s 后，立即熄灭喷灯或将其移离试样足够远，使之不对试样产生影响，同时利用计时设备开始测量试样的余焰时间 t_2 和余辉时间 t_3，准确至秒。记录 t_2，t_3 及 t_2+t_3。还要注意和记录是否有任何颗粒从试样上落下并且观察是否将棉垫引燃。

E. 重复该步骤直到按状态调节过的五根试样试验完毕。

F. 如果在给定条件下处理的一组五根试样，其中仅一个试样不符合某种分级的所有判据，应试验经受同样状态调节处理的另一组五根试样。作为余焰时间 t_f 的总秒数，对于 V－0 级，如果余焰总时间在 51～55 s 或对 V－1 和 V－2 级为 251～255 s 时，要外加一组五个试样进行试验。第二组所有的试样应符合该级所有规定的判据。

G. 当某些材料经受这种试验时，由于它们的厚度、畸变、收缩或会烧到夹具，这些材料(倘若试样能适当成型)，可以按照 ISO9773：1998 进行试验。

除非另有要求，上述试验通常采用如下条件：

a. 一组五根条状试样应在(23±2)℃和 50%±5%的相对湿度下至少状态调节48 h。一旦从状态调节试验箱中移出，试样应在 1 h 以内测试试样。

b. 一组五根条状试样应在(75±2)℃的空气循环烘箱内老化(168±2)h，然后，在干燥试验箱中至少冷却 4 h。一旦从干燥试验箱中移出，试样应在 30 min 以内测试试样。

c. 工业层合材料可以在(125±2)℃状态调节 24 h，以代替所述的状态调节。

d. 所有试样应在 15～35 ℃和 45%～75%相对湿度的实验室环境中进行试验。

8. 测试注意事项

① 当需改变时，应注意其量程、准确度、电压等级是否符合试验要求。

② 检测用的仪器应按要求放好，且应注意不受振动的影响。

③ 检查仪表的初始状态，其指示是否正确无误。

④ 检查检测环境条件是否符合仪器使用要求，检查电源电压、频率是否与检测仪器的要求相符。

⑤ 对需要水平放置的仪器，应置于无振动的水平面上；对需要垂直放置的仪器应垂直放置，不允许倾斜，以免影响测量精确度。

⑥ 对金属外壳的仪器应稳妥接地，非金属外壳的仪器应置于绝缘台上，仪器的安装置放地应方便查看，且无触及带电部位的危险，需固定的工件应可靠坚固。对易受磁场干扰的仪器应有屏蔽，对要求严格防电磁干扰的仪器则应置于屏蔽良好的检测室内。

⑦ 检测过程中，在经过多次测量时，若发现检测数据重复性较差时，应查明原因。在检测中，若发现设备或仪器、仪表损坏时，应立即停止试验，查明原因，经处理后（如改用其他合格仪表）征得现场负责人同意后才可以重新工作，并做好记录。

9. 测试结果分析及测试报告编写

(1)测试结果分析

每根试样的氧指数值、算数平均值，取小数点后一位。

① 氧指数 OI 按式(2-31)计算：

$$OI=(O_2)/[(O_2)+(N_2)]\times 100 \tag{2-31}$$

式中：OI——氧指数，用体积分数表示(%)；

(O_2)——氧气的流量，单位为 L/min；

(N_2)——氮气的流量，单位为 L/min。

同一批三个防火板试样中，若前两个试样检测合格则判定该批次防火板（槽盒）合格；若前两个试样检测出不合格项，则对第三个进行复检，以第三个试样检测结果作为整个检测项目的判定标准。

若抽检结果不合格，应视为该供应商、同批次型号产品全部不合格，要求供应商全部进行整改，整改后复检合格方可使用。

② 火焰前端通过 100 mm 标线时，每个试样的线性燃烧速率 v，采用式(2-32)计算：

$$v=60L/t \tag{2-32}$$

式中：v—— 线性燃烧速率，单位为 mm/s；

L—— 记录的损坏长度，单位为 mm；

t—— 记录的时间，单位为 s。

③ 由两种条件处理的各五根试样，采用式(2-33)计算该组的总余焰时间 t_f：

$$t_f=\sum_{i=1}^{5}(t_{1,i}+t_{2,i}) \tag{2-33}$$

式中：t_f—— 总的余焰时间，单位为 s；

$t_{1,i}$—— 第 i 个试样的第一个余焰时间，单位为 s；

$t_{2,i}$—— 第 i 个试样的第二个余焰时间，单位为 s。

(2)测试报告编写

① 氧指数法测试报告编写：

A. 注明采用本标准。

B. 材料的鉴别特征：名称、编号、基料牌号、成型工艺、批号、生产厂、出厂日期等。

C. 试样尺寸和状态调节情况。

D. 如采用热固性树脂，必要时注明试样平均树脂含量 W(%)及平均固化度 C(%)。

E. 点燃气体种类。

F. 每个试样的氧指数值和平均值。

G. 燃烧特性。

H. 试验环境、日期和试验人员。

I. 其他需要注明的事项。

② 水平燃烧法测试报告编写：

A. 注明参照本标准。

B. 标识受试材料的详细说明，包括制造厂名称、代号以及颜色。

C. 试样厚度，精确至 0.1 mm。

D. 标称表观密度(仅限于硬质泡沫塑料)。

E. 相对于试样尺寸的各向异性的方向。

F. 状态调节处理。

G. 除切割、修整和状态调节外的试验前的其他处理。

H. 施加火焰后，注明试样是否有连续的有焰燃烧。

I. 注明火焰前端是否通过 25 mm 和 100 mm 标线。

J. 对于火焰前端通过 25 mm 但未通过 100 mm 标线的试样，其燃烧经过的时间和损坏的长度。

K. 对于火焰前端达到或超过 100 mm 标线的试样，平均燃烧速率 v。

L. 注明试样中是否有燃粒或燃滴下落。

M. 注明柔软试样是否使用支撑架。

N. 通过的等级。

③ 垂直法测试报告编写：

A. 注明参照本标准。

B. 标识受试材料的详细说明，包括制造厂名称、代号以及颜色。

C. 试样厚度，精确至 0.1 mm。

D. 标称表观密度(仅限于硬质泡沫塑料)。

E. 相对于试样尺寸的各向异性的方向。

F. 状态调节处理。

G. 除切割、修整和状态调节外的试验前的其他处理。

H. 每个试样 t、t_2、t_3 和 t_2+t_3 的值。

I. 两种状态调节处理的每组五个试样的总余焰时间 t_f。

J. 注明是否有颗粒或燃滴从试样上落下以及它们是否引燃棉垫。

K. 注明试样是否燃烧到夹持端。

L. 评出的等级。

第3章　金属技术监督

金属(材料)技术监督是采取有效的检测、试验、抽查和核查资料等手段,按照国网公司、行业技术标准和反事故措施的相关条款,监督电网设备部件材料相关的性能、结构及工艺要求,确保电网设备安全可靠运行。金属(材料)技术监督是全过程技术监督的重要组成部分,根据金属(材料)技术监督工作的特殊性,金属(材料)技术监督主要在设备采购、设备验收、竣工验收、运维检修阶段开展。

金属(材料)技术监督工作应坚持统一制度、统一标准、统一流程、依法监督和分级管理的工作原则,实行国网公司、网省公司、地市公司构成的三级监督工作网络,严格执行国家和行业的有关技术标准、规程和规定。

3.1　金属技术监督装备管理

各单位应对金属检测装备开展到货检验,重点检验设备技术参数,检查产品合格试验报告。严禁未经检验及检验不合格的检测装备盲目投入使用。

检测装备应设专人负责,妥善、规范保管。各单位应建立检测装备台账,包括出厂合格证、使用说明书、质保书、分析软件、操作手册、校验(自校)保管等档案资料。

金属检测单位应委托具有相应资质的机构定期开展校准,校准合格的装备应贴合格证,否则不得投入使用,校准周期一般为 1 年。检测装备校准周期与依据标准见表 3-1 所列。

表 3-1　检测装备校准周期与依据标准

序号	仪器装备	便携式/台式 非固定/固定	仪器检定规程	检定/校准周期
1	超声波测厚仪	便携式	JJG 403	≤1 年
2	手持式光谱仪	便携式	X 射线荧光光谱 JJG 810; 发射光谱 JJG 768	X 射线荧光光谱≤1 年; 发射光谱≤2 年
3	台式 X 射线荧光镀层检测仪	台式非固定	JJG 810	≤1 年

（续表）

序号	仪器装备	便携式/台式 非固定/固定	仪器检定规程	检定/校准周期
4	磁性/涡流法 涂覆层测厚仪	便携式	/	≤1 年
5	A 型脉冲反射 超声波检测仪	便携式	/	≤1 年
6	涡流法电导率检测仪	便携式	/	≤1 年
7	万能试验机	固定	JJG 475	≤1 年
8	维氏硬度计	台式非固定	JJG 151	≤1 年
9	冲击试验机	固定	JJG 145	≤1 年
10	磁粉检测仪	便携式	/	≤1 年
11	无须设备，需要 渗透剂、显像剂、 清洗剂等耗材	便携式	/	/
12	显微维氏硬度计	台式非固定	JJG 151	≤1 年
13	金相显微镜	台式非固定	/	/
14	台式光谱仪	台式， 固定/非固定	X 射线荧光光谱 JJG 810； 发射光谱 JJG 768	X 射线荧光 光谱≤1 年； 发射光谱≤2 年
15	内窥镜	便携式	/	/

各单位应加强金属检测装备质量跟踪，按检测装备类别及供货商建立技术档案，定期开展检测装备质量评价工作，对有质量问题的检测装备及时提出预警。

3.2 金属技术监督工作内容

金属技术监督工作分全过程监督和专项监督两个部分。

3.2.1 金属全过程监督

金属全过程监督的具体内容、要求及监督依据参照附表 1：金属技术监督项目表中的相关内容，主要工作原则如下：

① 针对新建工程，各省公司每年选择不少于年度工程总数量 10％的工程开展设备

采购、设备验收、竣工验收阶段标注为“★”的项目，选择不少于年度工程总数量 5% 的工程开展标注为“☆”的项目；未标注的项目参考执行。

② 运维检修阶段中带电巡测所有项目应列入运维单位运行巡测常规工作。

③ 针对停电检修工程，各省公司每年应选择不少于年度总数量 10% 的工程开展运维检修阶段中停电检修标注为“★”的项目，应选择不少于年度工程总数量 5% 的工程开展标注为“☆”的项目；未标注的项目参考执行。

各公司对全过程监督过程中发现的突出问题，应结合专项监督月报总结报告，定期反馈至公司设备部。

3.2.2　金属专项监督

一般情况下，国网设备部会按年度或视工作需要，统一制定公司系统专项监督工作方案。金属专项监督工作内容以国网设备部发布的年度专项工作方案为准。

国网设备部发布的 2021 年金属专项监督工作方案主要涵盖新（改、扩）建输变电工程 30 类设备，共 54 个金属监督项目，具体包括如下内容。

1. 变电工程类

(1)隔离开关触头镀银层厚度检测

每个厂家、每种型号的隔离开关（主要指敞开式隔离开关）及接地开关触头、触指抽取一相进行检测，接触面为必检部位。

在到货验收阶段或安装调试阶段取样，并开展现场或实验室检测。该检测为无损检测，检测合格试件仍可用于工程。

(2)开关柜触头镀银层厚度检测

每个厂家开关柜内每种型号的小车开关（主要指手车式开关柜）梅花触头抽取一相的梅花触头进行检测，接触面为必检部位。

在到货验收阶段或安装调试阶段取样，并开展现场或实验室检测。该检测为无损检测，检测合格试件仍可用于工程。

(3)户外密闭箱体厚度检测

主要设备的户外密闭箱体（隔离开关、接地开关操作机构及二次设备的箱体、其他设备的控制、操作及检修电源箱、CT 二次盒、PT 二次盒、端子箱等），每个厂家、每种型号抽取 1 台进行检测。每个箱体正面、反面、侧面各选择不少于 3 个点检测。

在到货验收阶段或安装调试阶段开展检测。该检测为无损检测，检测合格试件仍可用于工程。

(4)变电站不锈钢部件材质分析

户外 GIS、敞开式隔离开关的传动轴销，每个厂家、每种型号抽取不少于 5 个（如抽样批量少于 5 个则 100% 全检）；主要设备的户外密闭箱体（隔离开关、接地开关操作机构及二次设备的箱体、其他设备的控制、操作及检修电源箱、CT 二次盒、PT 二次盒、端子箱等），每个厂家、每种型号抽取 1 台进行检测；主变（气体继电器、油流速动继电器、温度计、油位表），GIS 设备，断路器、SF_6 气体密度继电器等设备的防雨罩，每个厂家、每种型号抽取 1 台设备的全部防雨罩进行检测。

在到货验收阶段或安装调试阶段现场检测。采用 X 射线荧光光谱分析仪进行不锈钢材质检测。该检测为无损检测，检测合格试件仍可用于工程。

(5)GIS 和罐式断路器壳体对接焊缝超声波检测

每个厂家、每种型号的 GIS、罐式断路器壳体按照纵缝 10%(长度)、环缝 5%(长度)抽检。

在到货验收阶段或安装调试阶段进行现场检测，对工期确有特殊要求的，可在设备出厂前进行检测。该检测为无损检测，检测合格试件仍可用于工程。

(6)变电站开关柜铜排电导率检测

每个厂家、每种型号的开关柜抽取 1 台进行检测。

在到货验收阶段或安装调试阶段进行现场检测。该检测为无损检测，检测合格设备仍可用于工程。

(7)变电站开关柜铜排连接导电接触部位镀银层厚度检测

每个厂家、每种型号的开关柜抽取 1 台进行检测。对开关柜所有现场安装的铜排连接的导电接触部位进行镀银层检测，接触面为必检部位。

在到货验收阶段进行现场检测。该检测为无损检测，检测合格试件仍可用于工程。

(8)变电站接地体涂覆层厚度检测

每种规格接地体抽取 5 件进行检测。

在到货验收阶段或安装调试阶段进行现场检测。该检测为无损检测，检测合格试件仍可用于工程。

(9)变电站铜部件材质分析

变压器、电抗器抱箍，每个厂家、每种型号、每个供应商抽取 1 个进行材质检测。

在到货验收阶段或安装调试阶段现场检测。该检测为无损检测，检测合格试件仍可用于工程。

(10)互感器及组合电器充气阀门材质分析

充气式互感器、组合电器 SF_6 充气阀门(包括保护封盖、充气口和阀体)，每个厂家、每种型号抽取 1 台进行检测。

在到货验收阶段或安装调试阶段现场检测。该检测为无损检测，检测合格试件仍可用于工程。

(11)隔离开关外露传动机构件镀锌层厚度检测

每个厂家、每种型号的户外隔离开关(包括敞开式隔离开关和 GIS 隔离开关)抽取 1 台进行检测，检测对象为直接暴露于大气中的传动机构镀锌部件，敞开式隔离开关水平连杆、拐臂和地刀连杆，拐臂以及 GIS 隔离开关的外露连杆，拐臂为必检部位。

在出厂验收、到货验收或安装调试阶段开展现场检测。该检测方法为无损检测，检测合格设备仍可用于工程。

(12)变电导流部件紧固件镀锌层厚度检测

每个厂家、每种规格的螺栓、螺母及垫片随机抽取 3 件进行检测。

在到货验收阶段或安装调试阶段进行现场抽检。该检测项目为无损试验，检测合格试件仍可用于工程。

(13)开关柜柜体覆铝锌板厚度检测

每个厂家、每种型号的开关柜抽取 1 台进行检测。

在到货验收阶段或安装调试阶段开展检测。该检测为无损检测，检测合格试件仍可用于工程。

(14)变压器橡胶密封制品尺寸及外观检查

每个厂家抽 1 台变压器，抽取油箱、联管、有载分接开关各 1 只密封制品进行检查。

在设备制造或到货验收阶段，变压器生产厂家单独提供橡胶密封制品。该检测为破坏性检测，检测试件不可用于工程。

(15)变压器箱沿橡胶密封制品物理性能试验

每个厂家抽 1 台变压器，抽检箱沿橡胶密封制品进行检验。

在设备制造或到货验收阶段开展检测。检测试件不可用于工程。

(16)调相机润滑油系统和冷却系统管道焊缝射线检测

新建调相机组顶轴油管道环缝(包括管道制造焊缝和现场安装焊缝)按照 100%比例进行检测；除顶轴油外的润滑油管道环缝(包括管道制造焊缝和现场安装焊缝)均按照 20%比例进行抽样检测；冷却系统内冷、外冷管道环缝(包括管道制造焊缝和现场安装焊缝)均按照 20%比例进行抽样检测，其中外冷管道焊缝抽样检测应尽量包括全部埋地部分焊缝，如外冷管道存在纵环焊缝相交时检测范围应包括不小于 38 mm 的相邻纵缝。

在到货验收阶段和安装调试阶段进行现场检测，对工期确有特殊要求的，可在管道管段出厂前对其制造焊缝进行检测。该检测为无损检测，检测合格试件仍可用于工程。

(17)换流站消防水管安装焊缝检测

对新建及改造的换流站消防水管安装焊缝质量进行无损检测抽检。根据管道规格，按照不低于对接焊缝总数量 5%进行抽检(包括埋地焊缝)。

在安装阶段进行现场检测。该检测为无损检测，检测合格试件仍可用于工程。

2. 输电工程类

(1)输电杆塔铁塔

除铁塔重量检测外，所有检测项目均为现场抽检，抽检比例按照《国网安徽省电力有限公司关于印发 2021 年设备(材料)关键环节联合技术监督方案的通知》的附件 2 执行。铁塔重量按厂家 100%检测。所有抽检试件均可用于工程。具体检测项目如下：

① 镀层外观。

② 镀层厚度。

③ 镀层附着力。

④ 塔材几何尺寸。

⑤ 铁塔重量。

⑥ 焊接质量。

(2)输电杆塔紧固件

每个厂家、每种规格、每种性能等级紧固件抽取3件。在到货验收阶段或安装调试阶段现场取样，进行实验室检测。抽检试件不可再用于工程。具体检测项目如下：

① 螺栓楔负载。

② 螺母保证载荷。

③ 镀层厚度。

④ 镀层附着力。

(3)输电线路地脚螺栓、螺母规格尺寸及标识检测

每个厂家、每种规格的地脚螺栓、螺母随机抽样20件进行检测(如抽样批量小于20件时，应100%全检)。

在到货验收阶段现场取样。采用游标卡尺、螺距尺等测量工具进行现场检测。地脚螺栓、螺母规格尺寸检测为无损检测，检测合格的试件仍可用于工程中。

(4)输电线路地脚螺栓、螺母机械性能试验

每个厂家、每种规格的地脚螺栓、螺母随机抽样3件进行检测。

在到货验收阶段现场取样，进行实验室检测，检测项目为破坏性试验，抽检试件不可再用于工程。具体检测项目如下：

① 拉伸试验。

② 螺栓硬度。

③ 螺母硬度。

(5)导地线

每个厂家、每种型号的导地线各抽取1根进行检测，长度不低于2.5 m。在到货验收阶段进行抽样检测。该试验为破坏性试验，抽检试样不可再用于工程。具体检测项目如下：

① 直径。

② 单线电阻率检测。

③ 节径比及绞向。

④ 绞制后单丝拉伸。

⑤ 镀锌钢绞线锌层。

⑥ 镀锌钢线镀锌层质量检测。

⑦ 铝包钢线铝层厚度检测。

⑧ 铝包钢绞线最小铝层厚度。

(6)输电线路电力金具闭口销化学成分

每个厂家、每种型号的各抽取5个闭口销进行检测。

在到货验收阶段或安装调试阶段开展检测。该检测为无损检测，检测合格试件仍可用于工程。

(7)"三跨"线路耐张线夹压接质量 X 射线检测

"三跨"线路耐张线夹压接质量 X 射线检测以"三跨"线路区段为单位，每个区段抽检总数量比例为 10%。

在安装调试阶段，"三跨"线路耐张线夹压接后现场开展 X 射线检测。该检测为无损检测，检测合格试件仍可用于工程。

3. 配网工程类

(1)跌落式熔断器检测

每个批次、每个厂家、每种型号抽检数量不少于 1 件。在到货验收阶段开展检测，该检测为无损检测，检测合格设备仍可用于工程。具体检测项目如下：

① 导电片导电率检测。

② 导电片触头镀银层厚度检测。

③ 铁件热镀锌厚度检测。

④ 铜铸件材质分析。

(2)户外柱上断路器检测

每个批次、每个厂家、每种型号的抽检数量不少于 1 台。每台设备进行 100%接线端子镀锡层厚度检测。在到货验收阶段进行现场检测。该检测方法为无损检测，检测合格设备仍可用于工程。具体检测项目如下：

① 接线端子镀锡层厚度检测。

② 接线端子导电率检测。

(3)JP 柜柜体厚度检测

每个批次、每个厂家、每种型号的抽检数量不少于 1 件。每台设备箱体每个面选择不少于 3 个点检测。在到货验收阶段进行检测。该检测方法为无损检测，检测合格设备仍可用于工程。

(4)环网柜柜体厚度检测

每个批次、每个厂家、每种型号的抽检数量不少于 1 件。每台设备箱体每个面选择不少于 3 个点检测。在到货验收阶段进行检测。该检测方法为无损检测，检测合格设备仍可用于工程。

(5)柱上隔离开关触头镀银层厚度检测

每个批次、每个厂家、每种型号柱上隔离开关触头、触指抽取一相进行检测，接触面为必检部位。在到货验收阶段或安装调试阶段取样，并开展现场或实验室检测。该测量为无损检测，检测合格试件仍可用于工程。

4. 监督项目开展要求

各监督项目的抽检比例、检测时机、检测方法、检测与判定标准、整改要求见附表 2。综合近 5 年金属专项监督项目进行归纳整理，金属专项监督工作内容可分为镀银(锡)层测厚，箱体、壳体测厚，金属部件材质分析，焊缝超声波探伤，导电部件电导率检测，镀锌层测厚，高分子材料性能检测，金属部件机械性能试验，线夹压接质量 X 射线检测，外观与几何尺寸检查等。

3.3 金属专项技术监督检测方法

3.3.1 镀银(锡)层测厚

镀银(锡)层测厚根据使用的检测设备不同,检测方法存在差异。

1. 镀银(锡)层测厚——手持式光谱仪

(1)目的

使用便携式镀层测厚光谱仪(如图 3-1 所示)开展变电站开关设备触头镀银层厚度的检测,其主要用于高压隔离开关导电回路触头表面镀银层、开关柜触头镀银层、变电站开关柜铜排连接导电接触部位镀银层、10 kV 跌落式熔断器导电片触头镀银层、10 kV 柱上负荷开关接线端子镀锡层等金属镀层厚度的检测。

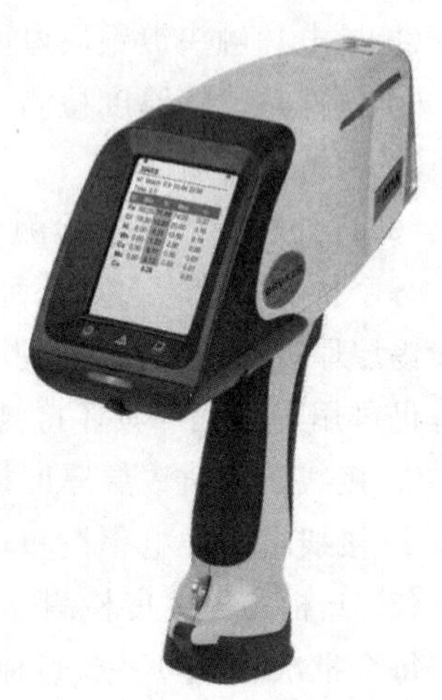

图 3-1 手持式光谱仪

(2)抽检比例

按照附表 2 或国网公司设备部、省公司设备部发布的专项工作方案执行。

(3)检测时机及方式

到货验收阶段或安装调试阶段取样,并开展现场或实验室检测。该检测为无损检测,检测合格试件仍可在工程中使用。

(4)注意事项

① 在进入现场工作前,要对工作场所及工作人员的安全情况进行检查。

② 工作人员的安全帽、安全带、工作服以及其他必要的安全防护工具是否佩带整齐正确,人员监护等是否到位。

③ 镀层测厚人员应穿绝缘鞋佩戴绝缘手套,镀层测厚工作尽量做到一人监护一人操作,谨防人身及设备事故的发生。

④ 严禁雨天在室外进行镀层测厚工作。

⑤ 仪器在处于激发状态时,对面切勿有相关人员。

⑥ 仪器应满足 DL/T 991—2006 的要求,经计量校准合格并在有效期内。

(5)测试前的准备工作

① 查询被检测试件的设备类型、型号规格、生产厂家、同批次同类型设备的数量。

② 被检测试件应从隔离开关或开关柜上拆下,并不应带有其他附属部件。

③ 被检测试件表面应清洁,无油漆、油污、腐蚀物等。被检测试件不满足上述要求时,应对被检测试件进行清洁处理。

(6)检测标准

① DL/T 1424—2015《电网金属技术监督规程》。

② DL/T 486—2010《高压交流隔离开关和接地开关》。

③ GB/T 16921—2005《金属覆盖层　覆盖层厚度测量 X 射线光谱方法》。

④ Q/GDW - 11 - 284—2011《交流隔离开关及接地开关触头镀银层厚度检测导则》。

⑤ Q/GDW 11717—2017《电网设备金属技术监督导则》。

⑥《国网公司 2017 年配网标准化物资固化技术规范书　柱上负荷开关　第 2 部分　专用技术规范》。

(7)测试步骤

① 测点的部位应包括触头的接触面，触头的接触尺寸以制造厂家的图纸标准为准，如无法提供接触面的相关图纸，则认为整个触头均为接触面，并标记测点位置。

② 检测前应确认实验环境是否达到要求，温度为(20±5)℃；相对湿度＜75％RH。

③ 根据光谱分析结果确定被检测试件表面镀层的材质。

④ 检测时应将检测窗口垂直紧贴被测试样，并在整个检测过程中保持该状态。

⑤ 应打开仪器的摄像头功能，保证镀层区域完全覆盖检测窗口。

⑥ 开始测量。测时每个接触面镀层至少测三次，每次检测时间不低于 15 s，测试数据取最小值。

(8)结果评定与报告

试验人员工作完成后，根据相应的检验标准，由检验人员出具检验报告，经专业责任工程师审核签字后，授权签字人批准。检验报告至少应包含以下内容：

① 报告编号。

② 检测标准。

③ 检测对象。

④ 检测设备名称、型号和编号。

⑤ 检测工艺参数。

⑥ 检测部位示意图。

⑦ 检测结果和检测结论。

⑧ 报告编制者(级别)和审核者(级别)。

⑨ 编制日期。

2. 镀银(锡)层测厚——台式荧光镀层测厚仪

(1)目的

使用台式荧光镀层测厚仪(如图 3 - 2 所示)开展隔离开关触头镀银层厚度检测、开关柜触头镀银层厚度检测、变电站开关柜铜排连接导电接触部位镀银层厚度检测、10 kV 跌

图 3 - 2　台式荧光镀层测厚仪

落式熔断器导电片触头镀银层厚度检测、10 kV柱上负荷开关接线端子镀锡层厚度检测等项目。

(2)抽检比例

按照附表2或国网公司设备部、省公司设备部发布的专项工作方案执行。

(3)检测时机及方式

到货验收阶段或安装调试阶段取样，并开展实验室检测。该检测为无损检测，检测合格试件仍可在工程中使用。

(4)注意事项

① 注意在工作前检验仪器设备是否完好，连接线是否正确。

② 仪器在处于激发状态时，切勿关闭电源开关。

③ 仪器在处于激发状态时，切勿触摸电极。

④ 仪器在处于激发状态时，不要与无关金属接触，以免电流产生回路，触电伤人。

⑤ 高压激发时不可打开防护盖。

⑥ 仪器开机后必须进行充分的预热。

⑦ 无论被检测镀层和基体为何种元素，均应采用Ag和Cu元素进行基准的测量，基准测量每周应实施一次。

⑧ 每次检测前应用标准片进行仪器校准。

(5)测试前的准备工作

① 查询被检测试件的设备类型、型号规格、生产厂家、同批次同类型设备的数量。

② 被测试件应从隔离开关或开关柜上拆下，并不应带有其他附属部件。

③ 被检测试件表面应清洁，无油漆、油污、腐蚀物等。被检测试件不满足上述要求时，应对被检测试件进行清洁处理。

④ 应用标准片进行仪器校准。

(6)检测标准

① DL/T 1424—2015《电网金属技术监督规程》。

② DL/T 486—2010《高压交流隔离开关和接地开关》。

③ GB/T 16921—2005《金属覆盖层　覆盖层厚度测量X射线光谱方法》。

④ Q/GDW 11-284—2011《交流隔离开关及接地开关触头镀银层厚度检测导则》。

⑤ Q/GDW 11717—2017《电网设备金属技术监督导则》。

⑥《国网公司2017年配网标准化物资固化技术规范书　柱上负荷开关　第2部分专用技术规范》。

(7)测试步骤

① 测点的部位应包括触头的接触面，触头的接触尺寸以制造厂家的图纸标准为准，如无法提供接触面的相关图纸，则认为整个触头均为接触面。选择表3-2的要求设定测点，并标记测点位置。

表 3-2　测点设定要求

长度	长宽比	测点布置
≤12	<3	每 2 cm^2 至少有一检测点，总检测点数量不得小于 3
	≥3	每 $L/4$ 处至少有一检测点，单个触头总检测点数量不得不小于 3
>12	<3	每 4 cm^2 至少有一检测点
	≥3	每 $L/8$ 处至少有一检测点，单个触头总测点数量不得不小于 6
注：① 长度 L 为接触面最长部分长度，宽度为接触面最短部分长度。 ② 一个触头由多组单触头组成的，每个单触头单独计。 ③ 接触面是曲面的，长度 L 指沿曲面的最长线性长度，宽度指沿曲面的最短线性长度。		

② 检测前应确认实验环境是否达到要求，温度为(20±5)℃；相对湿度<75%RH。

③ 根据光谱分析结果确定被检测试件表面镀层的材质。

④ 根据镀层情况，选择相应的产品程式。

⑤ 将试件置于工作台后应放平，调整其位置并聚焦清晰。保证样品放置后不会影响X射线荧光到达探测器。

⑥ 聚焦完毕，开始测量。单镀层测量时间不少于 15 s，双镀层测量时间不少于 30 s。

(8)结果评定与报告

试验人员工作完成后，根据相应的检验标准，由检验人员出具检验报告，经专业责任工程师审核签字后，授权签字人批准。检验报告至少应包含以下内容：

① 报告编号。

② 检测标准。

③ 检测对象。

④ 检测设备名称、型号和编号。

⑤ 检测工艺参数。

⑥ 检测部位示意图。

⑦ 检测结果和检测结论。

⑧ 报告编制者(级别)和审核者(级别)。

⑨ 编制日期。

3.3.2　箱体、壳体测厚

金属专项监督中的箱体、壳体测厚一般指不锈钢等金属外壳的厚度检测。使用的仪器为超声波测厚仪，根据仪器厂家的不同，超声波测厚仪的使用方法存在一些差别，但大体相同。本节以 DM5E 超声波测厚仪(如图 3-3所示)进行箱体、壳体厚度检测为示例。

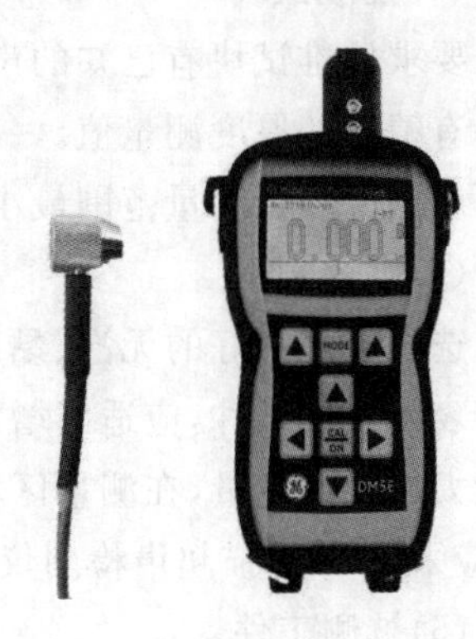

图 3-3　DM5E 超声波测厚仪

1. 目的

使用超声波测厚仪开展户外箱体、外壳厚度的检测。

主要包括户外电动操作机构箱箱体的测厚,户外在线监测柜的箱体测厚,户外智能控制柜的箱体测厚,10 kV 柱上负荷开关外壳厚度检测,JP 柜箱体厚度检测等户外箱体的测厚。

2. 抽检比例

按照附表 2 或国网公司设备部、省公司设备部发布的专项工作方案执行。

3. 检测时机及方式

到货验收阶段或安装调试阶段开展现场检测。该检测为无损检测,检测合格试件仍可在工程中使用。

4. 注意事项

① 避免仪器和探头受到剧烈的震动,仪器不应放置在潮湿环境中。

② 仪器使用完毕后,应及时取出电池。

③ 插拔探头时,应捏住电缆的活动外套沿轴线用力,不可旋转插头,避免损坏插头。

④ 显示屏右上角电量图标若低于 1/4 时,应更换新电池。

⑤ 如果探头接触面有一边磨损,显示值有可能不稳定,为避免这种情况,可用 500# 细砂纸平整探头表面。

5. 准备工作

(1)仪器方面

仪器的显示器必须能方便调节并显示出使用范围内的厚度值。仪器时基应是线性的,以使材料厚度的变化产生厚度指示的相应变化。保证时基电路的线性及稳定性,要求仪器每小时复验一次,确保测量精度。若数字直读式测厚仪,读数超过仪器允许误差,则前一小时的测量数据应予以复测。

(2)探头方面

若使用检测仪器,则多种脉冲回波型探头均可使用(接触法直声束、延时块和双晶片)。若厚度显示仪器有能力显示薄部件的厚度,则一般使用高阻尼、高频率探头。高频(10 MHz 或更高)延迟块探头可用于厚度大于 0.6 mm(0.025 in)的场合。当使用双晶探头时,其固有非线性通常要求对薄部件进行特殊修正(见 GB/T 11344—2008 标准中图 2)。仪器和探头、电缆之间必须匹配以获得最佳性能。

(3)校准试块

要求校准试块有已知的声速或与被检件相同材料的声速,并且还要求在被测厚度范围内有精确的厚度测量值。一个试块的厚度值应接近测量范围最大厚度值,另一个试块的厚度值应接近测量范围最小厚度值。

(4)耦合剂

选用透声性好的无泡、黏度适宜的耦合剂,一般选用机油或医用超声波专用耦合剂。对于表面粗糙试件,应适当增加耦合剂的用量,选择较稠的耦合剂。对于材料不均匀、衰减较大的试件测量,在测量区域容易存在微小的夹杂物或分层,会影响厚度值的正常显示,应采用 A 扫描超声检测仪来测量厚度。

(5)被测工件

进行技术资料审查,收集和了解被检测部件的相关资料和状况。工件表面不得有铁锈、氧化皮、焊接飞溅、铁屑、毛刺以及各种防护层。

(6)仪器的标定和调整

仪器应校准。采用和被检件材料相同的试块，仪器上选择所选探头的探头型号，并输入待测材料声速，选择合适的耦合剂（耦合剂可以为机油、化学糨糊、甘油、水玻璃、黄油等，不允许以水作为耦合剂）。先用一点校准法对待测材料进行初校（待检材料的表面应处理平整），待测材料厚度如果超过标准试块最大厚度，选择一点校准法对仪器进行校准。若厚度在标准试块之间或待测材料厚度变化大（如最薄1.5 mm，最厚 10.5 mm），则选择两点校准法对仪器进行校准。

一点校准法是指进入校准界面，将探头置于试块上，加入适量的耦合剂，使测厚仪显示读数为已知值。

两点校准法是指同时按下左、右键进入校准界面，将探头置于较薄试块上，加入适量的耦合剂，使测厚仪显示读数达到已知值。再将探头置于较厚试块上，加入适量的耦合剂，使测厚仪显示读数达到已知值。

校准过后根据待测件厚度，选择接近的试块测试，测厚仪显示读数接近已知值，则校准完毕。

6. 检测标准

① DL/T 1424—2015《电网金属技术监督规程》。

② GB/T 11344—2008《无损检测　接触式超声脉冲回波法测厚方法》。

③ GB/T 12604.1—2005《无损检测　术语　超声检测》。

④ JB/T 7522—2004《无损检测　材料超声速度测量方法》。

⑤ JB/T 9214—2010《无损检测　A 型脉冲反射式超声检测系统工作性能测试方法》。

7. 测试步骤

① 检查数字直读式超声波测厚仪、耦合剂、标准试块等是否完好、齐全。

② 开机，完成仪器自检。

③ 采用标准试块对超声波测厚仪进行校准，测量标准试块不少于 3 次，3 次检测数据的重复性应不大于 5%，超出时，重新校准所有原始参数。

④ 根据待测箱体的材质，按说明书中该材质对应的声速调校设备，如待测试件的材质与标准试块相近，可不进行此项操作。

⑤ 在箱体正面均匀选择 5 个测点位置，清除试件中待测部位表面的异物，并在测点位置处涂上耦合剂。

⑥ 将测厚仪探头垂直并紧贴检测部位施加一定压力（20～30 N），并排出多余的耦合剂，保证探头与被测件之间有良好的耦合，读取并记录检测结果。

⑦ 检测粗糙表面时在直径 30 mm 圆内做多点测量，把显示的最小值作为测量结果。

⑧ 测量箱体侧面、反面时，重复步骤⑤和⑥。

⑨ 检测完成后，需将箱体表面测点位置耦合剂擦拭干净。

8. 结果评定与报告

应根据检测现场操作的实际情况按照相应的记录格式详细记录检测过程和有关信

息数据，数据应真实。记录如有涂改，应由检测人员在涂改处签字。检测报告至少应包含以下内容：

① 委托单位。

② 被检工件：名称、规格、材质。

③ 检测设备：名称、型号、测量误差。

④ 检验标准和验收标准。

⑤ 检测人员和责任人员签字。

⑥ 检测日期。

3.3.3 金属部件材质分析

金属专项监督中的金属部件材质分析项目一般使用手持式光谱仪进行检测。

1. 目的

使用便携式光谱仪开展变电站不锈钢部件、变电站铜部件、互感器充气阀门、输电线路电力金属闭口销、10 kV 跌落式熔断器弹簧、10 kV 跌落式熔断器熔体、10 kV 跌落式熔断器铜铸件、10 kV 柱上负荷开关外壳、JP 柜箱体等材质分析检测工作。跌落式熔断器如图 3－4 所示。

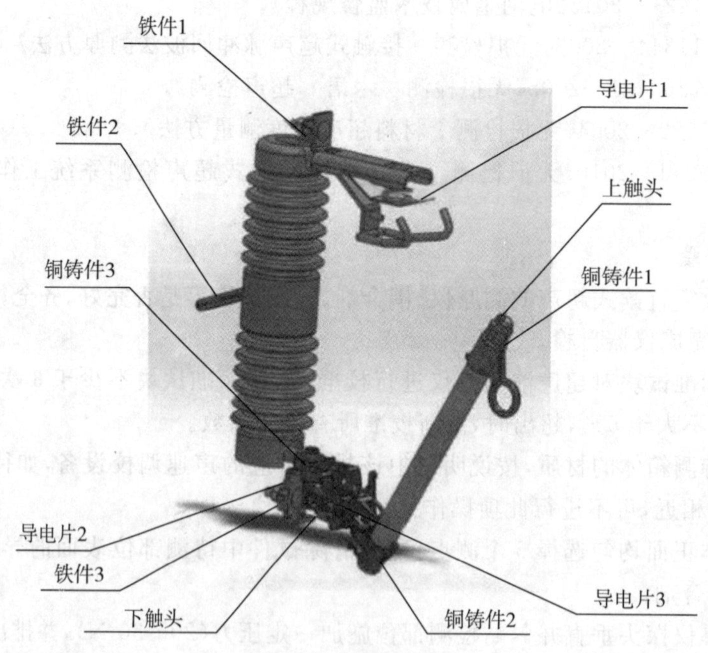

图 3－4 跌落式熔断器

2. 抽检比例

按照附表 2 或国网公司设备部、省公司设备部发布的专项工作方案执行。

3. 检测时机及方式

到货验收阶段或安装调试阶段开展现场检测。该检测为无损检测，检测合格试件仍可在工程中使用。

4. 注意事项

① 在进入现场工作前，要对工作场所及工作人员的安全情况进行检查。

② 工作人员的安全帽、安全带、工作服以及其他必要的安全防护工具是否佩带整齐正确，人员监护等是否到位。

③ 镀层测厚人员应穿绝缘鞋佩戴绝缘手套，镀层测厚工作尽量做到一人监护一人操作，谨防人身及设备事故的发生。

④ 严禁雨天在室外进行材质分析工作。

⑤ 仪器在处于激发状态时，对面切勿有相关人员。

⑥ 仪器应满足 DL/T 991—2006 的要求，经计量校准合格并在有效期内。

5. 准备工作

① 查询被检测试件的设备类型、型号规格、生产厂家、同批次同类型设备的数量。

② 被检测试件表面应清洁，无油漆、油污、腐蚀物等。被检测试件不满足上述要求时，应对被检测试件进行清洁处理。

6. 检测标准

① GB/T 1220—2007《不锈钢棒》。

② GB/T 2314—2008《电力金具通用技术条件》。

③ GB/T 3190—2008《变形铝及铝合金化学成分》。

④ GB/T 20878—2007《不锈钢和耐热钢　牌号及化学成分》。

⑤ DL/T 991—2006《电力设备金属光谱分析技术导则》。

⑥ DL/T 1343—2014《电力金具用闭口销》。

⑦ DL/T 1424—2015《电网金属技术监督规程》。

⑧ Q/GDW 11257—2014《10kV 户外跌落式熔断器选型技术原则和检测技术规范》。

⑨ Q/GDW 11717—2017《电网设备金属技术监督导则》。

⑩ 国家电网设备〔2018〕979 号《国家电网有限公司十八项电网重大反事故措施（修订版）》。

⑪《国网公司 2017 年配网标准化物资固化技术规范书　柱上负荷开关　第 2 部分　专用技术规范》。

⑫《国网公司 2017 年配网标准化物资固化技术规范书　低压综合配电箱　第 2 部分　专用技术规范》。

7. 测试步骤

① 检测前应了解被检测试件的名称、材料牌号、热处理状态、规格和用途等。

② 进行直读式光谱分析时，应选择被检测材料的平整面作为分析面。

③ 检测前清理被检测试件的表面，去除试样表面任何外来物质，如灰尘、油污等影响检测结果的污染物，露出金属光泽。

④ 开机，输入密码，完成仪器自校。

⑤ 仪器开机后，在主菜单中选择“方法”，例如：选择“合金”就可以分析待检试样。

⑥ 被检测试件尺寸较小时，应设置仪器选择小孔检测。

⑦ 分析成分均匀的被检测材料,应至少激发测定 3 次,取其平均值作为分析结果,分析结果宜用百分含量表示。

⑧ 根据光谱分析结果验证被检试件的材质。

8. 结果评定与报告

应根据检测现场操作的实际情况,按照相应的记录格式详细记录检测过程和有关信息数据,数据应真实。记录如有涂改,应由检测人员在涂改处签字。检测报告至少应包含下内容:

① 委托单位。

② 被检工件:名称、规格、材质。

③ 检测设备:名称、型号、测量误差。

④ 检验标准和验收标准。

⑤ 检测人员和责任人员签字。

⑥ 检测日期。

3.3.4 焊缝超声波探伤

1. 目的

了解如何使用超声波探伤仪(如图 3-5 所示)对厚度为 680 mm 的金属焊缝进行超声检测。检测对象一般为 GIS 和罐式断路器壳体对接焊缝、输电线路铁塔焊缝。

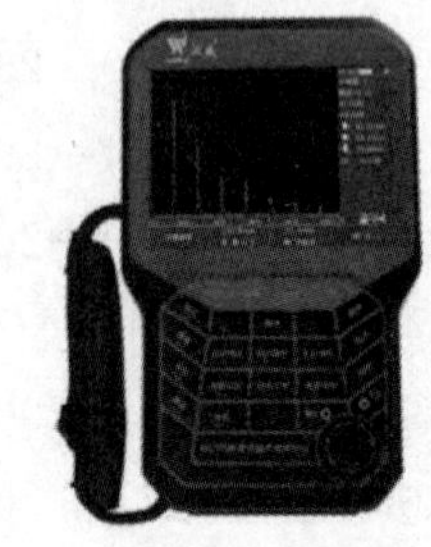

图 3-5 超声波探伤仪

2. 抽检比例

按照附表 2 或国网公司设备部、省公司设备部发布的专项工作方案执行。

3. 检测时机及方式

在到货验收阶段或安装调试阶段进行现场检测,对工期确有特殊要求的,可在设备出厂前进行检测。该检测为无损检测,检测合格试件仍可在工程中使用。

4. 注意事项

① 在进入现场工作前,要对工作场所及工作人员的安全情况进行检查。

② 工作人员的安全帽、安全带、工作服以及其他必要的安全防护工具是否佩带整齐正确,人员监护等是否到位。

③ 在高处作业时,探伤仪必须稳固安放,防止坠落。

④ 探伤仪仪器要求。采用 A 型脉冲反射式超声波探伤仪,其工作频率范围为 0.5～10 MHz。仪器至少在荧光屏满刻度的 80%范围内呈线性显示。仪器应具有 80 dB 以上的连续可调衰减器,步进级每档不大于 2 dB,其精度为任意相邻 12 dB 误差在±1 dB以内,最大累计误差不超过 2 dB。水平线性误差不大于 1%,垂直线性误差不大于 5%。其余指标应符合 JB/T 10061—1999《A 型脉冲反射式超声波探伤仪通用技术条件》的规定。

⑤ 探头。探头性能应按 JB/T 10062—1999 标准进行测定。圆形探头晶片直径一般

不应大于 40 mm，方形晶片任一边长一般不应大于 40 mm。斜探头的声速轴线水平偏离角应不大于 2°。斜探头主声束在垂直方向不应有明显的双峰或多峰。斜探头置于标准试块上探测棱边，当反射波幅最大时，探头中心线与被测棱边的夹角应在 90°±2°的范围内。探头的中心频率允许偏差为±0.5 MHz。

⑥ 仪器和探头组合的系统性能要求。在达到所探工件最大检测声程时，其有效灵敏度余量不小于 10 dB。仪器和探头的组合频率与公称频率误差在±10%之间。斜探头的远场分辨力大于或等于 6 dB。仪器和探头的组合系统性能按 JB/T 9214—2010 和 JB/T 10062—1999 的规定进行测试。

⑦ 试块性能要求。试块应采用与被检测工件相同或近似声学性能的材料制成。制造的技术要求应符合 JB/T 10064—1999 的规定。采用的试块为 CSK-ⅠA 及 1 号试块铝制专用试块。

⑧ 耦合剂性能要求。应具有良好的润湿能力和透声性能，且无霉、无腐蚀、易清除。实际工作时，根据工件表面状况及批量，可选择机油、化学糨糊等。

5. 准备工作

(1)检验准备

在接受委托时，必须了解检测对象的名称、规格、材质、焊接工艺、热处理情况、坡口形式、内壁加工面情况等，以及检测目的及要求。被检焊缝的外观质量及外形尺寸需检验合格。若所检焊缝的余高过高、过宽或有不清晰回波信号产生的地方，应进行适当的修磨，使之满足要求。检验面探头移动区应清除焊接飞溅、锈蚀、氧化物及油垢等杂物，必要时表面应打磨平滑，管壁厚度为 6～14 mm 者，打磨宽度为 100 mm；管壁厚度为 14～80 mm 者，打磨宽度为 200 mm。

(2)检测仪器准备

新使用的仪器或长时间(超过三个月以上)未使用的仪器应对其水平线性和垂直线性进行测定，测定方法按 JB/T 10061—1999 的规定进行。实施检验前应检查仪器的电能储量，必要时应及时充电。

对接焊接接头的检测以斜探头为主。所用探头的频率为 5 MHz。探头折射角应根据壁厚度来选择，壁厚度为 6～8 mm 者，推荐使用探头的折射角为 73°～70°；壁厚度为 8～14 mm 者，推荐使用探头的折射角为 63°～70°。探头晶片尺寸推荐选用 6 mm×6 mm、8 mm×8 mm、7 mm×9 mm。壁厚度小于或等于 6 mm 时，探头前沿距离应小于或等于 5 mm；管壁厚度大于 6 mm 时可适当增大。使用的探头与仪器应有良好的匹配性能，在扫查灵敏度的条件下，探头的始脉冲宽度应尽可能小，一般小于或等于 2.5 mm。探头分辨力应大于等于 20 dB。探头与检测面应紧密接触，探头检测面边缘与管子外表面的间隙不应大于 0.5 mm，若不能满足，探头楔块应进行修磨。探头的前沿、折射角、始脉冲占宽和分辨力在 CSK-ⅠA 及 1 号试块铝制专用试块上测定。

6. 检测标准

① NB/T 47013.1—2015《承压设备无损检测　第 1 部分　通用要求》。

② NB/T 47013.3—2015《承压设备无损检测　第 3 部分　超声检测》。

③ JB/T 4734—2002《铝制焊接容器》。

④ JB/T 9214—2010《无损检测　A 型脉冲反射式超声检测系统工作性能测试方法》。

7. 测试步骤

(1)仪器和探头系统的调节和复核

扫描时基线的调节：在 CSK-ⅠA 及 1 号试块铝制专用试块上调节。

距离-波幅(DAC)曲线的绘制：根据所用仪器和探头在 CSK-ⅠA 及 1 号试块铝制专用试块上实测的数据绘制。

仪器和探头系统的复核：每次检测前后应在 CSK-ⅠA 及 1 号试块铝制专用试块上对扫描时基线和灵敏度进行复核。检测工作过程中遇有下述情况时应及时对系统进行复核：①调节好的仪器、探头状态发生改变；②检测者怀疑灵敏度有变化；③连续工作4 h 以上；④所用的耦合剂与系统调节时不同。扫描时基线和距离-波幅(DAC)曲线的复核在系统调节时所用的对比试块上进行，复核应不少于 3 点，最大声程复核点的水平距离或深度应大于等于本次检测工作中所需的最大检验范围。基线复核时，如发现复核点反射波在荧光屏上的位置或读数值与前次调节时相比较，偏移超过 10%，则扫描时基线应重新进行调节。距离-波幅(DAC)曲线复核时，如发现任一复核点的反射波幅下降或上升 2 dB，则距离-波幅(DAC)曲线应重新进行绘制。

(2)声能传输损耗补偿量的选定

考虑到探头移动区域的管道表面比对比试块表面粗糙以及管道曲率的影响，检测作业时一般应进行表面声能损失补偿，通常补偿量为 3～5 dB(补偿量视检测面表面的粗糙度而定)。补偿量可以在绘制距离-波幅(DAC)曲线时计入，具体补偿量应在检测原始记录和检测报告中注明。

(3)焊缝检测

焊接接头检验区域的宽度应为焊缝本身再加上焊缝两侧各相当于母材厚度 30%的区域。探头的扫查速度应不超过 150 mm/s，当采用自动报警装置扫查时不受此限制。探头的每次扫查覆盖率应大于探头直径的 10%。检测时选定的扫查灵敏度应不低于最大声程处的评定线灵敏度。反射回波的分析：对波幅超过 DAC-12 dB 的反射回波，或波幅虽未超过 DAC-12 dB，但有一定长度范围的来自焊缝被检区域的反射回波，或疑为裂纹等危害性缺陷所致的较弱的反射回波，应根据所用的探头、探头位置及方向、反射回波的位置及动态变化情况、焊缝的具体情况(如坡口形式、焊接形式、焊接工艺、热处理情况等)，母材材料及焊接材料等，经过综合分析，判断反射回波是否为焊缝内的缺陷所致；必要时应更换 K 值不同的探头或直探头进行辅助检测。

对判断为存在缺陷的部位均应在焊缝的表面或母材的相应位置进行标记。

(4)缺陷检测

缺陷性质判定：根据缺陷的位置及其反射回波动态变化情况、焊缝的具体情况(如坡口型式、焊接型式、焊接工艺、热处理情况等)、母材材料及焊接材料等，通过更换 K 值不同的探头检测，综合分析判定缺陷性质的最大可能性。

(5)检测状态标识

应采用明显的标记符号对已检对象进行标识，如粘贴标签、记号笔标注等。如有可能应将不合格品隔离放置。

检测状态标识符号分为：①超声已检合格或 UT OK；②超声已检不合格或 UT×。

8. 结果评定与报告

应根据检测现场操作的实际情况，按照相应的记录格式详细记录检测过程和有关信息数据。数据应真实。记录如有涂改，应由检测人员在涂改处签字。检测报告至少应包含以下内容：

① 委托单位。

② 被检工件：名称、规格、材质。

③ 检测设备：名称、型号、测量误差。

④ 检验标准和验收标准。

⑤ 检测人员和责任人员签字。

⑥ 检测日期。

3.3.5　导电部件电导率检测

1. 目的

了解如何使用数字电导率仪（如图 3-6所示）开展变电站开关柜铜排导电率检测、10 kV跌落式熔断器导电片导电率检测、10 kV 柱上负荷开关接线端子导电率等检测。

图 3-6　数字电导率仪

2. 抽检比例

按照附表 2 或国网公司设备部、省公司设备部发布的专项工作方案执行。

3. 检测时机及方式

在到货验收阶段或安装调试阶段进行现场检测。该检测为无损检测，检测合格试件仍可在工程中使用。

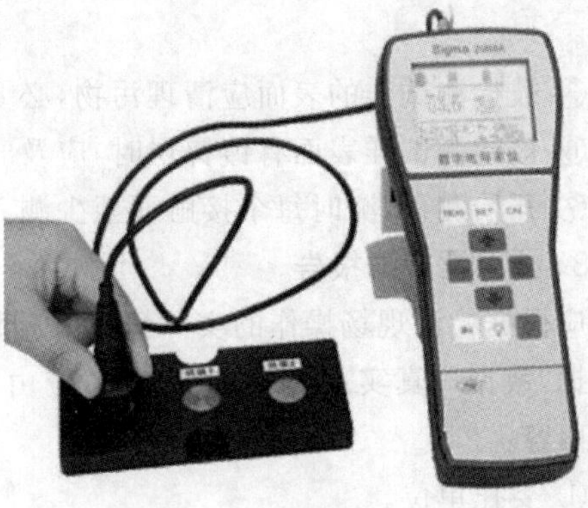

4. 注意事项

① 在进入现场工作前，要对工作场所及工作人员的安全情况进行检查。

② 工作人员的安全帽、安全带、工作服以及其他必要的安全防护工具是否佩带整齐正确，人员监护等是否到位。

③ 工作前检验仪器设备是否完好，连接线是否正确。

④ 扩建变电站检测时，严禁触摸带电设备，注意感应电压。

⑤ 严禁雨天在室外进行电导率检测工作。

⑥ 登高作业时，务必系好安全带，防止高空坠落。

5. 准备工作

① 查询被检测试件的设备类型、型号规格、生产厂家、同批次同类型设备的数量。

② 被检测试件表面应清洁，无油漆、油污、腐蚀物等。被检测试件不满足上述要求时，应对被检测试件进行清洁处理。

6. 检测标准

① GB/T 2529—2012《导电用铜板和条》。

② GB/T 5585.1—2005《电工用铜、铝及其合金母线　第1部分　铜和铜合金母线》。

③ GB/T 32791—2016《铜及铜合金导电率涡流测试方法》。

④ Q/GDW 11257—2014《10 kV 户外跌落式熔断器选型技术原则和检测技术规范》。

7. 测试步骤

① 仪器连接好探头后开机进行校准，每次检测前均需应用标块进行仪器校准。

② 试样检测部位局部应为平面，探头应垂直紧贴被检测试样，并在整个检测过程中保持该状态。

③ 检测前应确认试验环境是否达到要求，温度为(20±5)℃；相对湿度＜90%RH。

④ 被检测试样应放置在稳定的台面进行检测，防止产生剧烈震动导致测量数据误差。

⑤ 被检测试样的表面应清理污物，必要时用酒精清洗并且用吹风机吹干。

⑥ 被检测试样表面有镀锌层时，应及时清除，并且保证锌层已经被完全清除。

⑦ 开始测量，测时每个接触面至少测三次，每次检测时间为 2 s，测试数据取平均值。

8. 结果评定与报告

应根据检测现场操作的实际情况，按照相应的记录格式详细记录检测过程和有关信息数据，数据应真实。记录如有涂改，应由检测人员在涂改处签字。检测报告至少应包含下内容：

① 委托单位。

② 被检工件：名称、规格、材质。

③ 检测设备：名称、型号、测量误差。

④ 检验标准和验收标准。

⑤ 检测人员和责任人员签字。

⑥ 检测日期。

3.3.6　镀锌层测厚

1. 目的

了解如何使用涂层测厚仪(如图 3-7 所示)开展变电站接地体涂覆层厚度、输变电构支架(铁塔)表面镀锌层厚度、螺栓和螺母表面镀锌层厚度和 10 kV 跌落式熔断器铁件热镀锌厚度的检测。

2. 抽检比例

按照附表 2 或国网公司设备部、省公司设备部发布的专项工作方案执行。

3. 检测时机及方式

在到货验收阶段或安装调试阶段进行现场检测。该测量为无损检测，检测合格试件仍可在工程中使用。

4. 注意事项

① 在进入现场工作前，要对工作场所及工作人员的安全情况进行检查。

② 工作人员的安全帽、安全带、工作服以及其他必要的安全防护工具是否佩带整齐正确，人员监护等是否到位。

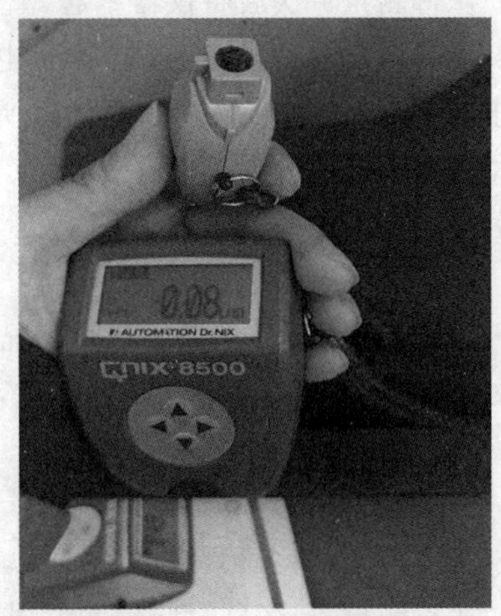

图 3－7　涂层测厚仪

③ 工作前检验仪器设备是否完好，连接线是否正确。

④ 扩建变电站检测时，严禁触摸带电设备，注意感应电压。

⑤ 严禁雨天在室外进行镀锌层测厚工作。

⑥ 测量结束后，一定要将仪器内的电池取出。防止由于长时间不用，电池漏液对仪器造成损坏。

5. 准备工作

① 将电池装入仪器，仪器自动进入开机状态；根据基材选择是磁性模式(Fe)还是非磁性模式(NFe)，或选择自动识别基体模式。

② 检测前仪器用校准片对仪器进行校准。

6. 检测标准

① GB/T 13912—2002《金属覆盖层钢铁制件热浸镀层技术要求及试验方法》。

② GB/T 2694—2018《输电线路铁塔制造技术条件》。

③ GB/T 4956—2003《磁性基体上非磁性覆盖层　覆盖层厚度测量　磁性法》。

④ DL/T 284—2012《输电线路杆塔及电力金具用热浸镀锌螺栓与螺母》。

⑤ DL/T 1342—2014《电气接地工程用材料及连接件》。

⑥ Q/GDW 11257—2014《10 kV 户外跌落式熔断器选型技术原则和检测技术规范》。

7. 测试步骤

① 查询被检测试件的设备类型、型号规格、生产厂家、同批次同类型设备的数量。

② 被检测试件表面应清洁，无油漆、油污、腐蚀物等。被检测试件不满足上述要求时，应对被检测试件进行清洁处理。

③ 测试时，测试点应均匀分布，仪器探头应垂直接触被测物的测量区域表面，仪器的探头要与被测物接触并压实。

④ 每测量一次后将仪器拿起，离开被测物 10 cm 以上，再进行下一点的测量。

⑤ 变电站接地体涂覆层、输变电设备构支架、10 kV 跌落式熔断器铁件不应少于 12 个测量点，测试结果按各测试点所测的数据用算术平均值计算；螺栓、螺母应在端面及六角棱面选择不少于 5 个测量点，测试结果按各测试点所测的数据以算术平均值计算。

8. 结果评定与报告

应根据检测现场操作的实际情况，按照相应的记录格式详细记录检测过程和有关信息数据，数据应真实。记录如有涂改，应由检测人员在涂改处签字。检测报告至少应包含以下内容：

① 委托单位。

② 被检工件：名称、规格、材质。

③ 检测设备：名称、型号、测量误差。

④ 检验标准和验收标准。

⑤ 检测人员和责任人员签字。

⑥ 检测日期。

3.3.7 金属部件机械性能试验

1. 目的

了解如何使用拉力试验机（如图 3－8 所示）进行螺栓楔负载和螺母保证载荷的检验。检测对象主要为紧固件和地脚螺栓、螺母。

2. 抽检比例

按照附表 2 或国网公司设备部、省公司设备部发布的专项工作方案执行。

3. 检测时机及方式

在到货验收阶段现场取样，采用万能试验机、硬度计等进行实验室检测。该检测为破坏性试验，抽检试件不可再用于工程。

图 3－8 拉力试验机

4. 注意事项

① 试验前检查所有接线都连接正确，仪器设备是否完好。

② 工作人员应戴防护手套。

③ 不论移动横梁接触到上限位块还是下限位块，都会停止运动，在开始试验前，注意限位块的位置，防止夹具发生碰撞损坏。

④ 选择与试样相匹配的夹具，禁止使用不匹配夹具暴力装卸，对设备造成损伤。

⑤ 更换试样夹具时，防止夹具倾倒砸伤人员或砸坏试验机。

⑥ 每次更换试样后要将传感器重新置零，施加载荷后严禁置零。

⑦ 测试过程操作人员要精神集中，试验人员不能离开试验现场，必须密切注意试验变化，出现危险状况要紧急停机，以免出现人员安全事故；试验结束要注意关闭所有电源。

5. 准备工作

① 查询被检测试件的设备类型、型号规格、生产厂家、同批次同类型设备的数量。

② 被检测试件表面应清洁，无油漆、油污、腐蚀物等。被检测试件不满足上述要求时，应对被检测试件进行清洁处理。

③ 检测前应使用游标卡尺、钢直尺等测量螺栓及螺母的各项尺寸参数。

6. 检测标准

① GB/T 3098.1—2010《紧固件机械性能　螺栓、螺钉和螺柱》。

② GB/T 3098.2—2015《紧固件机械性能　螺母》。

③ DL/T 1236—2013《输电杆塔用地脚螺栓与螺母》。

④ GB/T 228.1—2010《金属材料拉伸试验　第 1 部分　室温试验方法》。

7. 测试步骤

使用前应了解试验机的性能特点，熟悉试验机各控制开关旋钮的位置、作用及其调整方法以便于调节试验机。具体操作步骤如下

① 打开试验机和电脑，按照《软件使用手册》，运行配套软件，进入程序界面。

② 利用手动控制盒，按动“快上”或“快下”(或“慢上”“慢下”)按键使横梁上下移动至合适位置，根据试样的长度及夹具的间距设置好限位块位置；根据试样形式装上相应的模具或楔垫，夹持试样应先将试样夹在接近传感器一端的夹头上，清零消除试样自重后再夹持试样的另一端；设定试验方案和试验参数。如需使用电子引伸计或大变形，则把电子引伸计或大变形装夹在试样上。

③ 在试验开始之前，再次对试验准备进行检查，检查包括：试样是否安装牢固、试样是否在无受力状态、使用的楔垫角度是否符合规定、楔垫是否放平等情况。确认无误后单击开始试验按钮，试验结束自动停止或试样断裂时，单击试验停止按钮；记录试验数值，保存试验报告。

④ 退出程序界面，关主机及电脑；清理试验现场。

8. 结果评定与报告

应根据检测现场操作的实际情况，按照相应的记录格式详细记录检测过程和有关信息数据，数据应真实。记录如有涂改，应由检测人员在涂改处签字。检测报告至少应包含以下内容：

① 委托单位。

② 被检工件：名称、规格、材质。

③ 检测设备：名称、型号、测量误差。

④ 检验标准和验收标准。

⑤ 检测人员和责任人员签字。

⑥ 检测日期。

3.3.8 线夹压接质量 X 射线检测

1. 目的

了解如何实施架空输电线路耐张线夹 X 射线 DR 成像检测(如图 3-9 所示)。

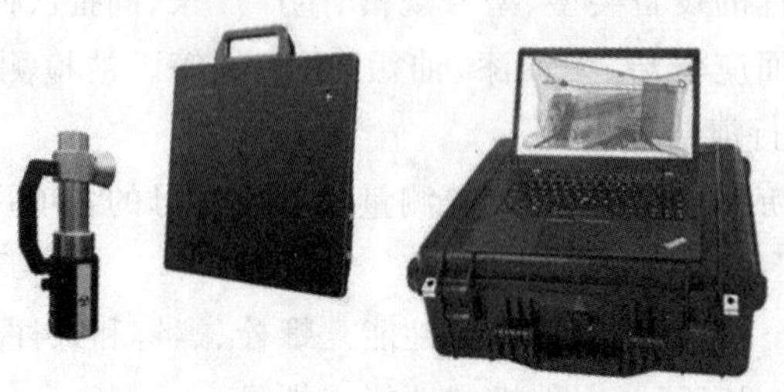

图 3-9 便携式 X 射线 DR 成像系统

2. 抽检比例

按照附表 2 或国网公司设备部、省公司设备部发布的专项工作方案执行。

3. 检测时机及方式

在安装调试阶段,“三跨”线路耐张线夹压接后现场开展 X 射线检测。该检测为无损检测,检测合格试件仍可在工程中使用。

4. 注意事项

① 进行检验工作时,试验人员须身着工作服以及有关劳动保护和防辐射用品,并遵守工作现场的安全管理规定。

② 设立警示牌、警示标志,拉起警戒线,所有人员撤到 50 m 范围之外。

③ 工作时,必须划定工作区域,并在工作区域外设醒目安全标志,派专人负责现场看守,不允许非工作人员误入该区域而造成照射事故。

④ 作业人员现场佩戴辐射剂量监测仪器设备和个人剂量仪。

⑤ 作业人员登高作业时一定牢挂安全绳,防止坠落。

⑥ 高处作业时仪器及附件一定要摆放牢固,防止坠落。

5. 准备工作

① 查询被检测试件的设备类型、型号规格、施工厂家、同批次同类型设备的数量。

② X 射线实时成像系统基本构成为 X 射线机、射线接收或转换装置、数字图像处理单元和图像显示单元等。射线接收或转换装置包括图像增强器、成像面板或者线性扫描器等射线敏感器件,其分辨率不应小于 2.5 LP/mm。所使用的 X 射线数字成像检测系统应能满足 NB/T 47013.11—2015 标准中的 4.2 相关要求,经计量校准合格并在有效期内。其他器材包括:辐射剂量监测仪、个人剂量仪、警戒标志、警戒线、施工接地线、防护绳等。

③ 现场确定被检测对象后,再根据被检对象的规格、材质、厚度、面积以及检测面的检测区域来确定检测方法,选择射线机电压和电流以及脉冲击发时间。检测工装可以高空吊挂,整体重量不能超过 20 kg。具备自动定位焦距和物距地装置。引流板侧工装边

沿距离成像区域边沿不得大于 100 mm。

6. 检测标准

① DL/T 5285—2018《输变电工程架空导线(800 mm^2 以下)及地线液压压接工艺规程》。

② GB 50233—2014《110～750 kV 架空输电线路施工及验收规范》。

③ Q/GDW 1571—2014《大截面导线压接工艺导则》。

④ NB/T 47013.1—2015《承压设备无损检测　第 1 部分:通用要求》。

⑤ NB/T 47013.11—2015《承压设备无损检测　第 11 部分:X 射线数字成像检测》。

7. 测试步骤

① 射线方向和透照方式射线透照方向垂直于导线,可以单次透照,也可以多次透照,应选用较小的成像角度减少不同区域图像变形。

② 散射线屏蔽可以用铅屏、铅光珊、滤波板屏蔽散射线,优先推荐采用窗口铝合金滤波板去除低能散射线。

③ 标记沿导线侧面纵向放置铅尺,并不得遮挡主要观测对象。

④ 透照区域导线压接区域、钢芯压接区(必压区)、防滑槽压接区必须进行检测。

⑤ 线型像质计金属丝材料与被检工件材料相同或相近,满足图像灵敏度要求的前提下,低密度线型像质计可以用高密度材料检测。耐张线夹透照线型像质计放置于 X 射线机侧,原则上每张图像上都应有像质计影像。

⑥ 图像处理和观察显示器分辨率点距原则上不大于成像设备点距。图像观察在光线适合的环境内进行,不得有干扰观察的强光,电磁干扰等。

⑦ 耐张线夹分别对图像受压区、非压区、连接区进行评定,按照 Q/GDW 1571—2014《大截面导线压接工艺导则》和 DL/T 5285—2018《输变电工程架空导线(800 mm^2 以下)及地线液压压接工艺规程》,对压接质量进行评定。评定分为合格和不合格两种。不合格分为以下几种:钢锚端口侧末端导线存在局部受损或缩颈;透照区域内导线存在松股、变形及表面损伤;钢锚端口侧与导线末端间隔不在 20～25 mm 范围内;铝管非压区局部受压;钢锚凹槽部位压接数量不够或压接不到位;钢锚弯曲或产生竹节变形;钢锚端口侧末端导线部分未受压;导线钢芯未穿至钢锚凹槽侧根部;钢锚和钢芯压接结构中,钢锚局部未受压和压接不够均匀致密;其他不符合 Q/GDW 1571—2014 和 DL/T 5285—2018 标准要求的。

(8)数据保存

检测原始图像不得更改,应存储在可以长期保存的媒介中,至少有一份数据备份,并保证数据完整性。数据由施工单位、业主单位和技术监督单位分别保存,检测数据保存期限不得低于 10 年。经过数码处理的图像,由合同双方约定存储方式和年限。

8. 结果评定与报告

应根据检测现场操作的实际情况按照相应的记录格式详细记录检测过程和有关信息数据,数据应真实。记录如有涂改,应由检测人员在涂改处签字。检测报告至少应包含以下内容:

① 委托单位。

② 被检工件:名称,规格,材质,压接情况。

③ 检测设备:名称,型号。

④ 检测规范:技术等级,透照布置,像质计,透照参数软件处理方式和条件等。

⑤ 图像评定:灰度值、信噪比、图像灵敏度和分辨率。

⑥ 检测标准和验收标准。

⑦ 检测结果和质量分级:缺陷位置和性质,结果评定。

⑧ 检测人员和责任人员签字及其技术资格。

⑨ 检测日期。

检测工作完成后,检测人员按照相应的报告格式出具检验报告。正式的检测报告不得有修改痕迹。报告经专业责任工程师审核签字,授权签字人批准。

第4章　土建技术监督

土建专项技术监督是以质量为中心、标准为依据、定量检测为手段来开展工作的，重点解决多发、易发土建问题，分析问题产生的原因，强化发现问题闭环整改，主要目的是推动技术监督工作精益化发展、提升电网本质安全水平。

土建专项技术监督包含室外 GIS 设备基础沉降、建筑防水、抗渗混凝土、穿墙套管及门窗密封、回填土压实 5 个项目。

4.1　室外 GIS 设备基础沉降监督

4.1.1　监督目的

变电站内设备基础在建设和运行期间，受设备荷载、地基土壤特性、基础型式、建设施工工艺水平等多种因素影响，导致地基及周边地面发生变形。而 GIS 设备基础由于占地面积大、荷载差异性大、体型复杂等因素更容易引起地基变形，当变形量过大导致基础开裂、倾斜等超出规范及设备允许值时，将严重威胁电网设备安全运行。该项监督的目的主要复核监测 GIS 设备基础沉降量、沉降速率等关键参数是否满足设备安全稳定要求。

4.1.2　监督内容

对在建的 35 kV 及以上、投运 1 年内的 110 kV 及以上变电站室外 GIS 设备基础沉降情况进行监督，重点监督湿陷性黄土、膨胀土、冻土、盐渍土、红砂岩等特殊土地基基础工程以及大面积挖填站址、地质不均匀等地质情况复杂地区建设的变电站。

4.1.3　检测时机及方式

1. 施工阶段

对终版施工图纸中沉降变形监测的内容、范围和监测设施的位置统筹安排情况进行核查；对施工单位制订的监测方案或第三方监测单位制订的监测方案情况进行核查。

2. 竣工验收阶段

资料检查：复核 GIS 基础沉降观测数据是否满足规范要求。

实体检查:基准点、工作基点设置及保护,GIS 基础沉降监测点设置位置、数量是否满足设计及规范要求,GIS 基础混凝土结构有无严重贯穿性裂缝。

3. 运维检修阶段

结合原观测单位数据和实体裂缝变化情况,进行现场监督检测(本单位不具备条件的,可委托有资质的第三方检测单位开展)对 GIS 设备基础沉降变形情况进行观测。

投运前进行初始观测或记录原观测单位对各点实测数据,投运后第 10 个月观测一次,计算相邻两个观测点之间沉降差是否满足规范及设计要求,计算沉降速率判断沉降是否稳定及有无异常情况。

4.1.4 检测前的准备工作

1. 现场准备的资料

① 变电站终版 GIS 设备基础施工图纸及电子版图纸(工程平面位置图及基准点分布图、沉降观测点位分布图),图纸应包含监测的内容、范围和必要监测设施的位置统筹安排等说明。

② 监测方案。

③ 基准点或工作基点的数据记录、沉降观测成果表、沉降观测过程曲线、沉降观测技术报告等数据。

2. 观测使用的主要仪器

观测使用的主要仪器见表 4-1 所列。

表 4-1 观测使用的主要仪器

仪器、设备名称	数量	备注
水准仪	1	精度不低于 DS05
因瓦水准标尺	2	满足 JJG 2102—2013 要求
全站仪	1	可代替水准仪
变形监测软件	1	用于图面编辑、分析
裂缝宽度观测仪	1	分辨力≤0.02 mm
脚架	1	水准仪配套
尺垫	2	5 kg

4.1.5 监督项目、标准和检测方法

1. 竣工验收阶段

(1)监督项目一:GIS 基础混凝土结构实体有无严重贯穿性裂缝

监督内容:对 GIS 设备基础实体的裂缝进行现场检查。

监督标准及条文:

① GB 50204—2015《混凝土结构工程施工质量验收规范》(第 8.1.2、8.2.1 条等):混

凝土现浇结构外观质量不应有裂缝等严重缺陷。投运前检查基础有无严重贯穿性裂缝。不均匀沉降引起的多属贯穿性裂缝，其走向与沉陷情况有关，一般与地面垂直或成30°～40°角方向发展，裂缝大小与不均匀沉降值成比例。

② GB 50026—2020《工程测量标准》：对于混凝土构筑物的裂缝观测，施工期变形监测的精度不应超过 1 mm。

检查方法：主要对 GIS 设备基础现场进行实体外观检查，查看是否存在裂缝、裂缝走向及性质，采用裂缝宽度观测仪测量并记录裂缝数据，将检查结果反馈至《投运前室外 GIS 设备基础沉降专项监督报告》中。如 GIS 设备基础存在贯穿性裂缝，应视为地基基础不合格。

(2)监督项目二：基准点、工作基点设置

监督内容：对变电站场区和 GIS 设备基础的基准点或工作基点的位置、数量和布置方式等进行现场检查。

监督标准及条文：

① GB 50026—2020《工程测量标准》：基准点的埋设应将标石埋设在变形区以外的原状土内，或将标志镶嵌在裸露基岩上；当条件受限制时，在变形区内也可埋设深层钢管标或双金属标（如图 4－1 和图 4－2 所示）。

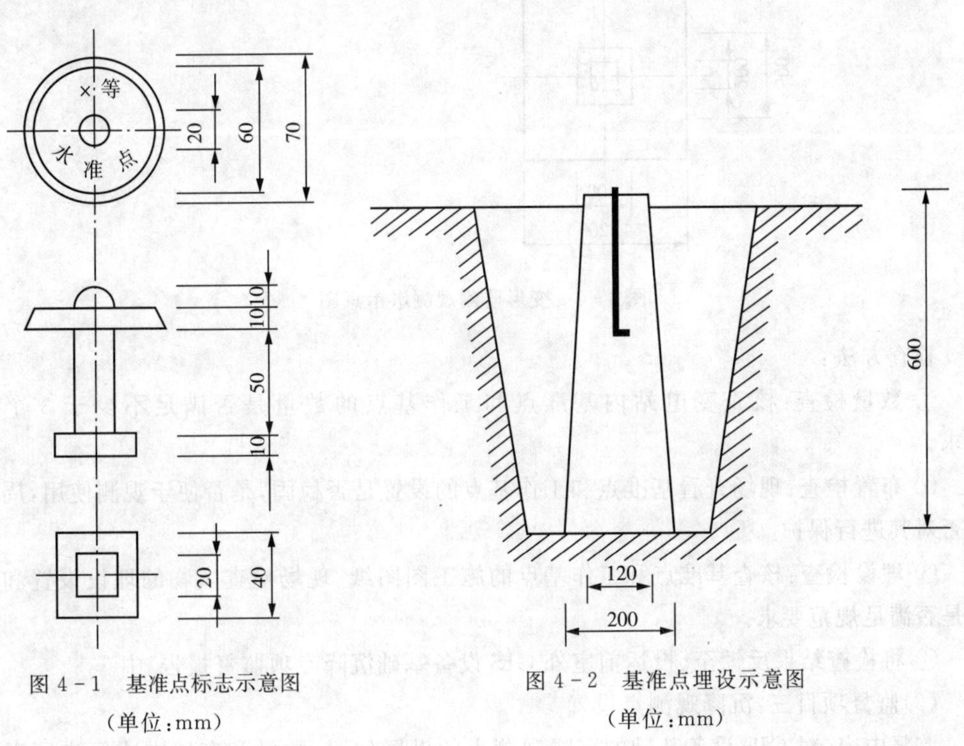

图 4－1　基准点标志示意图（单位：mm）

图 4－2　基准点埋设示意图（单位：mm）

② DL/T 5445—2010《电力工程施工测量技术规范》（第 11.1.4 条）：基准点应设置在变形影响区域之外稳定的原状土层内，易长期保存。每个工程至少应有 3 个基准点；大型电力工程（交流 1000 kV 及以上变电站、直流±800 kV 及以上换流站），其水平位移

基准点应采用带有强制对中装置的观测墩；垂直位移基准点宜采用深埋桩，或将基准点设置在裸露基岩上。工作基点应选在比较稳定且方便使用的位置；设立在大型电力工程施工区域内的水平位移监测工作基点宜采用带有强制对中装置的观测墩，垂直位移基准点宜采用深埋桩(如图 4-3 所示)。

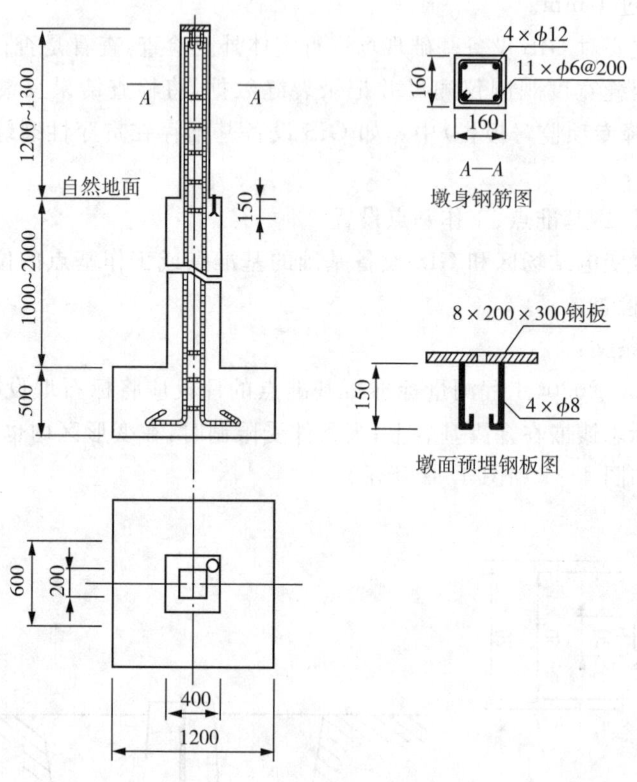

图 4-3　变形监测观测墩示意图

检查方法：

① 数量检查：核查变电站内基准点和工作基点的数量是否满足不少于 3 个的要求。

② 布置检查：现场查看基准点和工作基点的设置是否稳固，是否便于观测使用，周边是否对其进行保护。

③ 埋设检查：核查基准点和工作基点的施工图图纸、现场检查实物的埋设设置和深度是否满足规范要求。

④ 将检查结果反馈至《投运前室外 GIS 设备基础沉降专项监督报告》中。

(3)监督项目三：沉降观测点设置

监督内容：对 GIS 设备基础的沉降观测点的设置位置、数量和布置方式等进行现场检查。

监督标准及条文：

① DL/T 5445—2010《电力工程施工测量技术规范》(第 11.7 条)：沉降观测点的布

设应能够全面反映建(构)筑物及地基沉降特征,观测标志应稳固、明显、结构合理,点位应避开障碍物,便于观测和长期保存;数量满足 GIS 基础土建施工图的要求,并在 GIS 基础的四角、大转角及沿基础每 10～15 m 处、沉降缝和伸缩缝两侧、基础埋深相差悬殊处、人工地基和天然地基接壤处、变电容量 120 MVA 及以上变压器的基础四周等区域各设置 1 处观测点;沉降观测点的标志立尺部位应突出、光滑、唯一、耐腐蚀,标志应安装保护罩,埋设位置应避开障碍物(如图 4-4 所示)。

②《国家电网公司输变电工程标准工艺(六)标准工艺设计图集(变电工程部分)》:沉降观测点所有制品均采用不锈钢或铜;观测点应设置在视野开阔处,相邻点间要求通视,以便于观测。

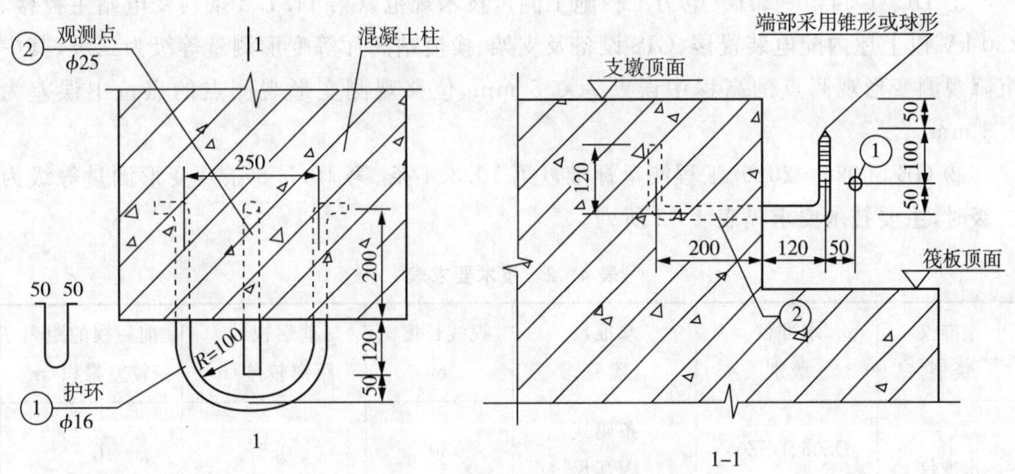

图 4-4　GIS 设备基础沉降观测点示意图

检查方法:

① 数量检查:核查 GIS 设备基础沉降观测点的数量是否满足图纸和规范的要求,在 GIS 基础的四角、大转角及沿基础每 10～15 m 处是否均设置了观测点。

② 布置检查:现场查看沉降观测点和保护罩的设置是否稳固,布置位置是否有障碍物遮挡,是否便于观测使用;查看观测点的铭牌设置位置是否合理、命名是否正确。

③ 埋设检查:核查沉降观测点的施工图图纸的设计深度和布置尺寸、现场检查实物的埋设设置和材料选择是否满足规范要求。

④ 将检查结果反馈至《投运前室外 GIS 设备基础沉降专项监督报告》中。

(4)监督项目四:GIS 混凝土基础施工图及监测方案

监督内容:施工图阶段或竣工验收阶段,对 GIS 基础终版土建施工图纸和施工单位(或第三方监测单位)制定的监测方案相关内容进行核查。

监督标准及条文:

① GB 50026—2020《工程测量标准》(第 10.1.2 条):重要的工程建(构)筑物,在工程设计时,应对变形监测的内容和范围做出要求,并应由有关单位制定变形监测技术设计方案。首次观测宜获取监测体初始状态的观测数据。

② DL/T 5445—2010《电力工程施工测量技术规范》(第 11.1.3 条):变形测量开始作业前,应根据水文地质、岩土工程资料和设计图纸,并根据岩土工程地质条件、工程规模、基础埋深、建筑结构和施工方法等因素,进行变形测量方案设计。

检查方法:主要核查 GIS 基础施工图、设备施工图等图纸是否有检测范围及要求的内容;核查监测方案内容是否完整,人员、设备组织情况及检测周期评率和预警情况;将核查后的结果反馈至《投运前室外 GIS 设备基础沉降专项监督报告》中。

(5)监督项目五:观测级别及精度

监督内容:对观测检测仪器(水准仪、因瓦尺等)的级别和精度进行核查。

监督标准及条文:

① DL/T 5445—2010《电力工程施工测量技术规范》(第 11.1.2 条):变电站主控楼、220 kV 以上屋内配电装置楼、GIS 设备及支架、换流站阀厅等变形测量等级为二级,其中沉降观测变形观测点的高程中误差为 0.5 mm、位移观测变形观测点的点位中误差为 0.3 mm。

② GB 50026—2020《工程测量标准》(第 10.3.4 条、第 10.3.5 条):变形测量等级为二级时,主要技术要求见表 4-2 所列。

表 4-2　技术要求表

水准仪类型	水准仪级别	水准尺类别	视线长度/m	前后视的距离较差/m	前后视的距离较差累积/m
数字水准仪	DS05、DSZ05	条码式因瓦尺	30	0.5	1.5
光学水准仪	DS05、DSZ05	线条式因瓦尺	30	0.5	1.5

检查方法:

① 观测等级检查:核查观测报告中的观测等级不应低于二级。

② 仪器精度检查:检查观测报告中记录的仪器设备及编号,核查水准仪级别精度等级是否低于 DS05 级,因瓦尺的类别是否满足要求,仪器设备误差是否高于规范限值。

③ 将检查结果反馈至《投运前室外 GIS 设备基础沉降专项监督报告》中。

(6)监督项目六:观测时间、频率、周期

监督内容:对 GIS 设备基础沉降观测报告中观测数据、观测次数进行核查,判定观测时间、频率和周期是否满足设计方案和规范要求。

监督标准及条文:DL/T 5445—2010《电力工程施工测量技术规范》(第 11.7 条)和 GB 50026—2020《工程测量标准》(第 10.5 条)等要求:根据设计单位对 GIS 地基土类型和沉降速率大小确定的时间和频率,判定是否满足要求;整个施工期观测次数原则上不少于 3 次;每次沉降观测结束,应及时处理观测数据,分析观测成果。

检查方法：

① 检查数据记录，在整个 GIS 设备施工期间，设备基础浇筑完成观测 1 次、设备安装完成 1 次，其中施工期每间隔 3 个月观测 1 次，原则上不少于 3 次；判断观测时间、周期和次数是否满足要求。

② 核查数据记录是否完整，观测数据应包含沉降观测点所有关键点位。

③ 核查观测数据是否及时进行分析和判断，并形成观测成果。

④ 将检查结果反馈至《投运前室外 GIS 设备基础沉降专项监督报告》中。

(7)监督项目七：沉降观测成果表及观测技术报告等成果资料

监督内容：采用资料检查方式，对沉降观测成果资料进行核查，检查成果是否完整，复核结论是否异常。

监督标准及条文：

① DL/T 5445—2010《电力工程施工测量技术规范》(第 11.7.8 条)：沉降观测结束后，应根据工程需要提交有关成果资料，包括工程平面位置图及基准点分布图、沉降观测点位分布图、沉降观测成果表、沉降观测过程曲线、沉降观测技术报告等。

② GB 50026—2020《工程测量标准》(第 10.11.6 条)：变形监测项目，应根据变形监测项目实际工程需要和委托方的要求，提交变形监测设计方案、变形监测阶段性监测报告(包括每期观测成果、与前一期观测间的变形量和变形速率、本期观测后的累积变形及说明、变形监测图表及说明、监测过程中需要说明的事项)、变形监测技术总结报告(包括监测内容及基本技术要求，作业过程及技术方法，每期观测成果汇总，变形监测图表及说明、变形监测过程中需要说明的事项，基准点稳定性分析资料，变形分析方法、结论和建议，其他需要说明的资料)。

检查方法：

① 检查成果资料是否完整、齐全、规范，是否包含工程平面位置图及基准点分布图、沉降观测点位分布图、沉降观测成果表、沉降观测过程曲线、沉降观测技术报告等文件。

② 核查成果记录数据是否准确，是否对数据进行了判断、分析和总结，是否存在异常情况和预警。

③ 将检查结果反馈至《投运前室外 GIS 设备基础沉降专项监督报告》中。

(8)监督项目八：计算沉降速率，判定沉降是否达到稳定状态

监督内容：对提供的沉降观测成果资料进行复核计算，判断 GIS 设备基础沉降速率稳定情况。

监督标准及条文：

① DL/T 5445—2010《电力工程施工测量技术规范》(第 11.7.4 条)和 JGJ 8—2016《建筑变形测量规范》(第 7.1.5 条)：沉降是否进入稳定阶段，应由沉降量与时间关系曲线判定。当最后 100 天的沉降速率小于 0.01～0.04 mm/d 时可认为已进入稳定阶段。具体取值宜根据各地区地基土的压缩性能确定。

② DL/T 5457—2012《变电站建筑结构设计技术规程》(第 11.1.2 条)：变电站设备

地基基础的变形计算值应满足其上部电气设备正常安全运行对位移的要求，一般情况，GIS 等气（油）管道连接设备基础容许沉降量不宜大于 200 mm、容许沉降差或倾斜不宜大于 0.002 l（l 为基础对应方向的长度），当设备有特别注明的要求时，应执行其所规定的标准。

检查方法：

① 数据统计：统计每个 GIS 设备基础沉降观测点的观测周期总天数累积沉降量、后 100 天的累积沉降量。

② 速率计算：沉降速率＝累积沉降量/观测周期天数。

③ 数据判断：判断计算结果中累积沉降量是否大于 200 mm，观测周期和后 100 天的沉降速率是否小于规范要求。

④ 将检查结果反馈至《投运前室外 GIS 设备基础沉降专项监督报告》中。如 GIS 设备基础存在沉降速率过大、沉降量过大、不均匀沉降设备漏气等问题，应视为地基基础不合格，并及时采取相应措施。

2. 运维检修阶段

（1）监督项目一：基准点、工作基点设置

监督内容：对变电站场区 GIS 设备基础的基准点或工作基点的位置、数量和布置方式等进行现场巡视检查。

监督标准及条文：同竣工验收阶段监督项目二。

检查方法：对投运 1 年内的 110 kV 及以上变电站内基准点、工作基点进行巡视检查，检查设置数量、分布情况、稳固程度、标志及铭牌设置等是否满足要求，并将检查结果反馈至《运检阶段室外 GIS 设备基础沉降专项监督报告》中。

（2）监督项目二：GIS 基础混凝土结构实体有无严重贯穿性裂缝，与投运时比较变化情况

监督内容：对变电站场区 GIS 设备基础实体情况等进行现场巡视、测量检查。

监督标准及条文：同竣工验收阶段监督项目一。

检查方法：对投运 1 年内的 110 kV 及以上变电站内 GIS 设备基础实体进行巡视检查；有无裂缝并判断裂缝属性，检查是否为严重贯穿性裂缝；测量数据并与投运时比较宽度、深度对比是否变大，并将检查结果反馈至《运检阶段室外 GIS 设备基础沉降专项监督报告》。如存在贯穿性裂缝或存在裂缝宽度深度继续扩大的情况，需立即采取相应措施。

（3）监督项目三：实测沉降差，判定相邻两点是否存在不均匀沉降趋势

监督内容：对变电站场区 GIS 设备基础沉降观测点进行实测，判断相邻观测点间的沉降情况。

监督标准及条文：

① DL/T 5457—2012《变电站建筑结构设计技术规程》（第 11.1.2 条）：变电站设备地基基础的变形计算值应满足其上部电气设备正常安全运行对位移的要求，一般情况，GIS 等气（油）管道连接设备基础容许沉降量不宜大于 200 mm、容许沉降差或倾斜不宜大于 0.002 l（l 为基础对应方向的长度），当设备有特别注明的要求时，应执行其所规定

的标准。

② GB 50026—2020《工程测量标准》(附录 F.0.1 条):基础的相对倾斜值$\Delta S_{AB}=\frac{S_A-S_B}{L}$,其中,$\Delta S_{AB}$为相对倾斜值;$S_A$和$S_B$为倾斜段两端观测点 A、B 的沉降量,单位为 m、L为A和B两点间的水平距离,单位为 m(如图 4-5 所示)。

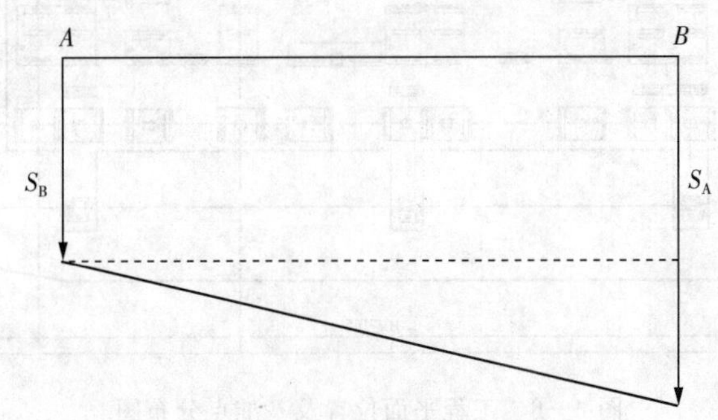

图 4-5　基础的相对倾斜计算示意图

检查方法:

① 采用不低于二等水准进行观测和计算。

② 现场实测计算相邻两个观测点间沉降差,依据结合地基土类别判定是否满足设计要求,一般情况沉降量不宜大于 200 mm。

③ 当相邻两个观测点之间沉降差大于 0.1%L 时,需进行分析并采取相应措施;当大于 0.2%L 时,已超出设备正常容许沉降差或倾斜值,表明设备已不能正常安全运行。

④ 将检查结果反馈至《运检阶段室外 GIS 设备基础沉降专项监督报告》。

(4)监督项目四:核查和分析沉降观测成果表及观测技术报告等资料

监督内容:采用资料检查方式,对沉降观测成果资料和观测结论进行分析和复核。

监督标准及条文:同竣工验收阶段监督项目七。

检查方法:

① 进一步检查前期成果记录数据是否准确,是否对数据进行了判断、分析和总结,是否存在异常情况和预警。

② 结合施工阶段建立的工程平面位置图及基准点分布图(如图 4-6 所示)、沉降观测点位分布图、沉降观测成果表、沉降观测过程曲线(如图 4-7 所示)、沉降观测技术报告等成果资料,对日常运维开展的检测进行对比分析,核实运维检修阶段 GIS 设备基础沉降是否存在异常。

③ 将检查结果反馈至《运检阶段室外 GIS 设备基础沉降专项监督报告》。

(5)监督项目五:计算沉降速率,判定沉降是否达到稳定状态

监督内容:结合前期提供的沉降观测成果资料和日常运维开展的检测进行复核计算,判断 GIS 设备基础沉降稳定情况。

监督标准及条文:同竣工验收阶段监督项目八。

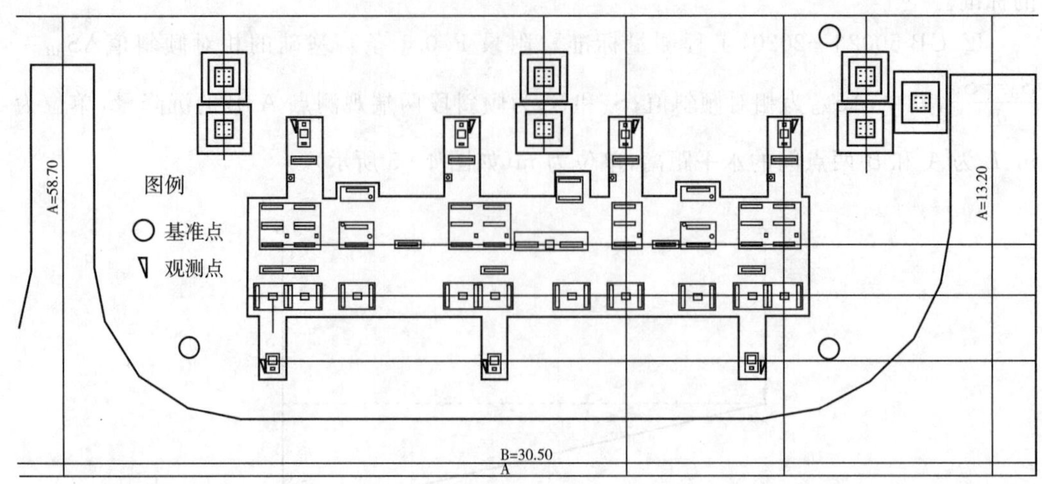

图 4-6　工程平面位置及基准点分布图

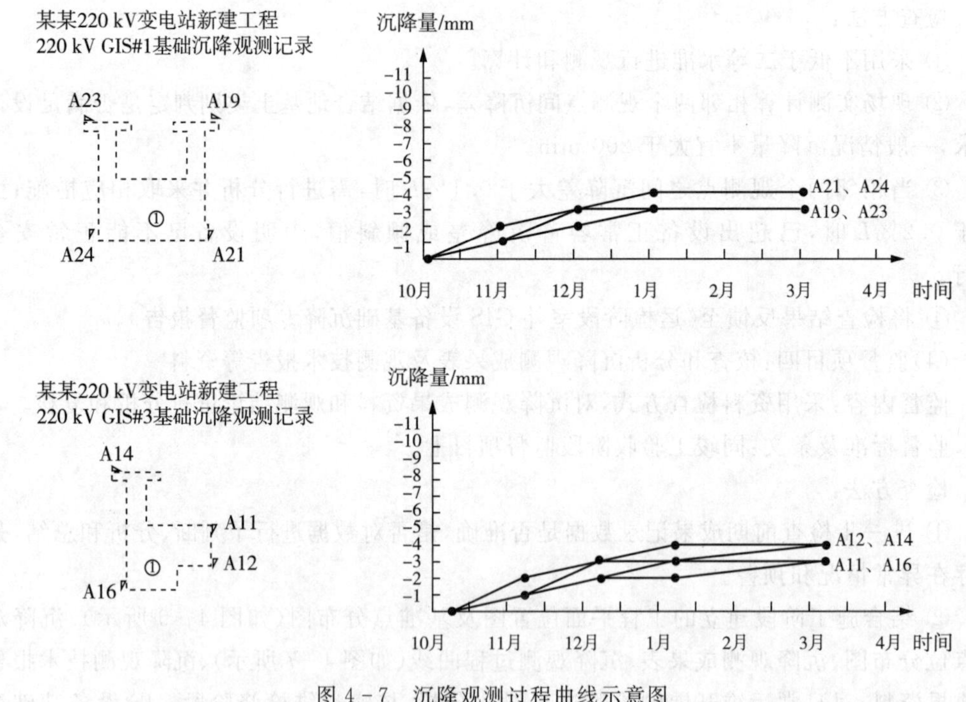

图 4-7　沉降观测过程曲线示意图

检查方法：

① 数据统计：统计每个 GIS 设备基础沉降观测点的观测周期总天数累积沉降量。

② 速率计算：沉降速率＝累积沉降量/观测周期天数。

③ 数据判断：判断计算结果中累积沉降量是否大于 200 mm，观测周期内的沉降速率是否满足规范要求。

④ 将检查结果反馈至《运检阶段室外 GIS 设备基础沉降专项监督报告》中。

4.1.6　整改要求

观测期间出现变形量或变形速率达到变形预警值或接近允许值、变形量和沉降速率异常变化、GIS 设备基础裂缝快速扩大等问题，应立即分析原因并限期整改。

4.2　建筑防水监督

4.2.1　监督目的

变电站内建筑物外围结构是设备安全稳定运行的重要保障，建筑防水水平是影响建筑物围护体系质量的重要因素之一。目前变电站内建筑物由防水问题导致的屋面渗漏、墙体腐蚀霉变、管道锈蚀，甚至设备故障短路等问题时常发生，严重威胁室内电网设备安全。因此，对建筑防水的材料质量、设计标准、施工工艺等多种关键影响因素进行监督是满足建筑物正常使用、设备安全运行的有效保证。

4.2.2　监督内容

新建的 35 kV 及以上或投运 1 年以内 110 kV 及以上的变电站，应对其综合楼、继电器小室、主控楼等设备用房的屋面及风机、雨水管、屋面防水材料进行监督。

4.2.3　检测时机及方式

1. 施工阶段

对终版施工图的风机防雨罩选型、雨水管设置情况进行图纸核查。

2. 电气安装前阶段

电气安装前监督阶段，开展现场屋面坡度检测、出屋面设施泛水高度检测、女儿墙泛水及上端压条检查，开展蓄水（淋水）试验旁站检查，对风机防雨罩选型、雨水管设置情况进行现场检查，对屋面防水材料质量进行检查。

3. 运维检修阶段

对风机防雨罩破损（渗漏）、屋面（屋内）渗漏水情况进行现场检查。

4.2.4　检测前的准备工作

1. 现场准备的资料

① 变电站终版建筑和结构设计施工图纸及电子版图纸，图纸应包含建筑物屋面设计施工图、风机防雨罩选型说明、雨水管设置情况等内容。

② 屋面防水材料合格证、检测报告等证明材料。

③ 建筑物蓄水试验、屋面隐蔽工程等重要节点和关键部位的施工、监理过程记录资料。

2. 观测使用的主要仪器

观测使用的主要仪器见表 4-3 所列。

表 4-3　观测使用的主要仪器

仪器、设备名称	数量	备注
激光测距仪	1	
坡度尺	1	
钢卷尺	1	

4.2.5　监督项目、标准和检测方法

1. 监督项目一：现场坡度检测

监督内容：对变电站建筑物屋面、天沟、檐沟等的坡度进行现场测量检测。

监督标准及条文：

①《国网公司输变电工程通用设计》：楼屋面板采用钢筋桁架楼承板，轻型门式钢架结构屋面板宜采用压型钢板复合板。屋面宜设计为结构找坡，平屋面采用结构找坡不得小于 5%，建筑找坡不得小于 3%；天沟、沿沟纵向找坡不得小于 1%；寒冷地区可采用坡屋面。坡屋面坡度应符合设计规范要求。屋面采用有组织防水，防水等级采用 I 级(如图 4-8 所示)。

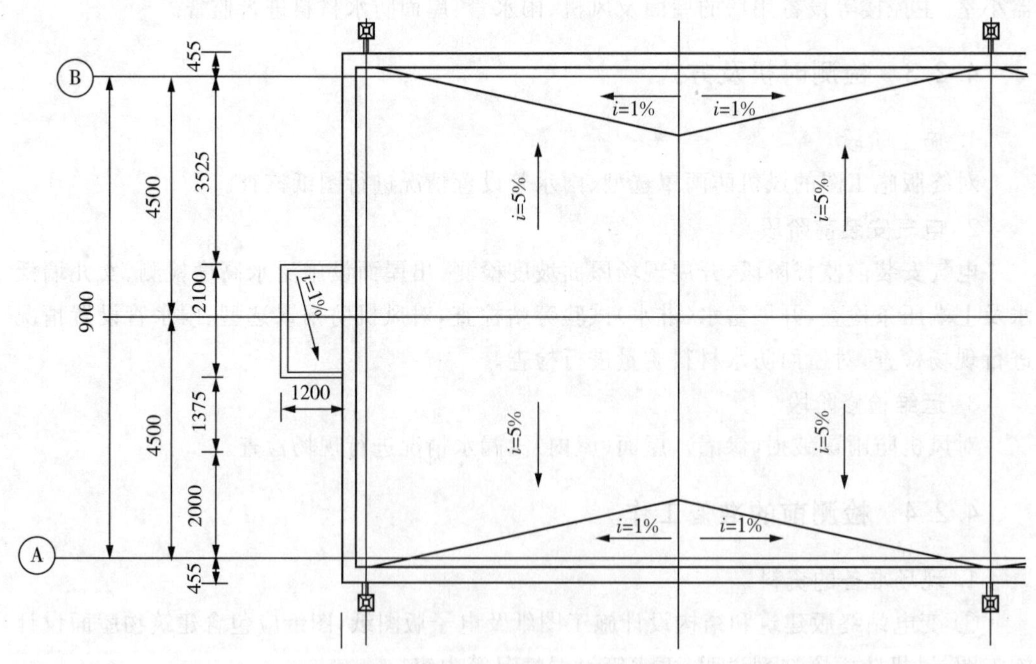

图 4-8　某变电站建筑物屋面排水平面示意图

② Q/GDW 1183—2019《变电(换流)站土建工程施工质量验收规范》：屋面工程排水

坡度应符合设计要求，结构找坡不应小于 5%，建筑找坡不应小于 3%(如图 4－9 所示)。

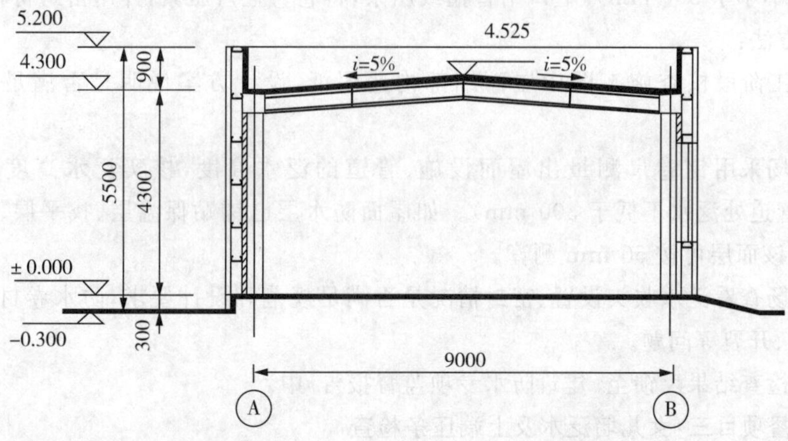

图 4－9　某变电站建筑物屋面排水剖面示意图

检查方法：

① 施工阶段核查施工图中屋面坡度设计、屋面防水等级及设防要求是否满足相关规范要求。

② 现场利用激光测距仪对建筑物屋面坡度进行测量，排水沟沿雨水管方向测量出屋面倾斜角度 α，坡率 $=\tan\alpha$；依据屋面找坡方式核实坡率是否满足要求。

③ 将检查结果反馈至《建筑防水专项监督报告》中。

2. 监督项目二：出屋面设施泛水高度检测

监督内容：对变电站建筑物出屋面设施(出屋面管道、空调室外机底座、屋面风机口等)泛水高度、密封情况等进行现场测量检测。

监督标准及条文：

① GB 50345—2012《屋面工程技术规范》(第 4.11.19 条、第 4.11.24 条)：伸出屋面管道泛水处的防水层下应增设附加层，附加层在平面和立面的宽度均不应小于 250 mm；管道泛水处的防水层泛水高度不应小于 250 mm；卷材收头应用金属箍紧固和密封材料封严，涂膜收头应用防水涂料多遍涂刷。设施基座与结构层相连时，防水层应包裹设备基座的上部，并应在地脚螺栓周边作密封处理(如图 4－10所示)。

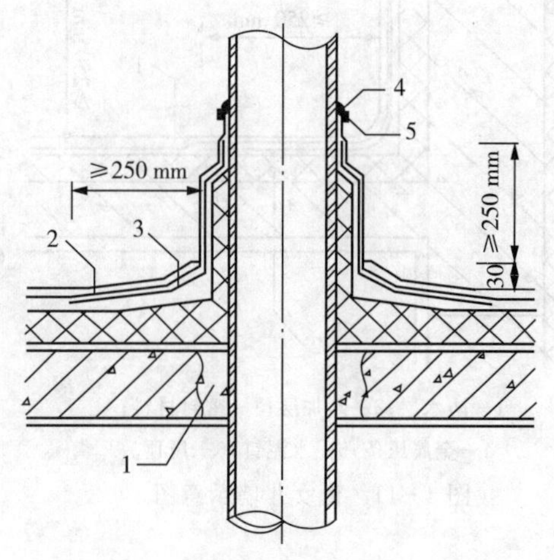

1—细石混凝土；2—卷材防水层；3—附加层；4—密封材料。

图 4－10　伸出屋面管道示意图

② Q/GDW 1183—2019《变电(换流)站土建工程施工质量验收规范》：出屋

面管道、空调室外机底座、屋顶风机口应用柔性防水卷材做泛水，其高度不小于 250 mm（管道泛水不小于 300 mm），上口用管箍或压条，将卷材上口压紧，并用密封材料封严。

检查方法：

① 施工阶段核查施工图中屋面细部构造图纸、设计方案说明是否满足相关规范要求。

② 现场采用钢卷尺测量出屋面设施、管道的泛水高度，核实泛水高度是否高于 250 mm（管道处泛水不低于 300 mm）。如屋面防水层已铺贴保温层、找平层、保护层或其他面层，该面层可按 50 mm 测算。

③ 现场查看泛水收头设置、密封情况是否满足规范和设计要求，防水卷材是否出现脱胶、鼓包、开裂等问题。

④ 将检查结果反馈至《建筑防水专项监督报告》中。

3. 监督项目三：女儿墙泛水及上端压条检查

监督内容：对变电站屋面女儿墙泛水高度、压顶和细部防水构造等进行现场检测。

监督标准及条文：

① GB 50345—2012《屋面工程技术规范》（第 4.11.14 条）：女儿墙压顶可采用混凝土或金属制品；压顶向内排水坡度不应小于 5%，压顶内侧下端应做滴水处理；女儿墙泛水处的防水层下应增设附加层，附加层在平面和立面的宽度均不应小于 250 mm；高女儿墙泛水处的泛水层泛水高度不应小于 250 mm，低女儿墙泛水处的防水层可直接铺贴或涂刷至压顶下；卷材收头应用金属压条钉压固定并应用密封材料封严，涂膜收头应用防水涂料多遍涂刷；泛水上部的墙体应做防水处理（如图 4－11 和图 4－12 所示）。

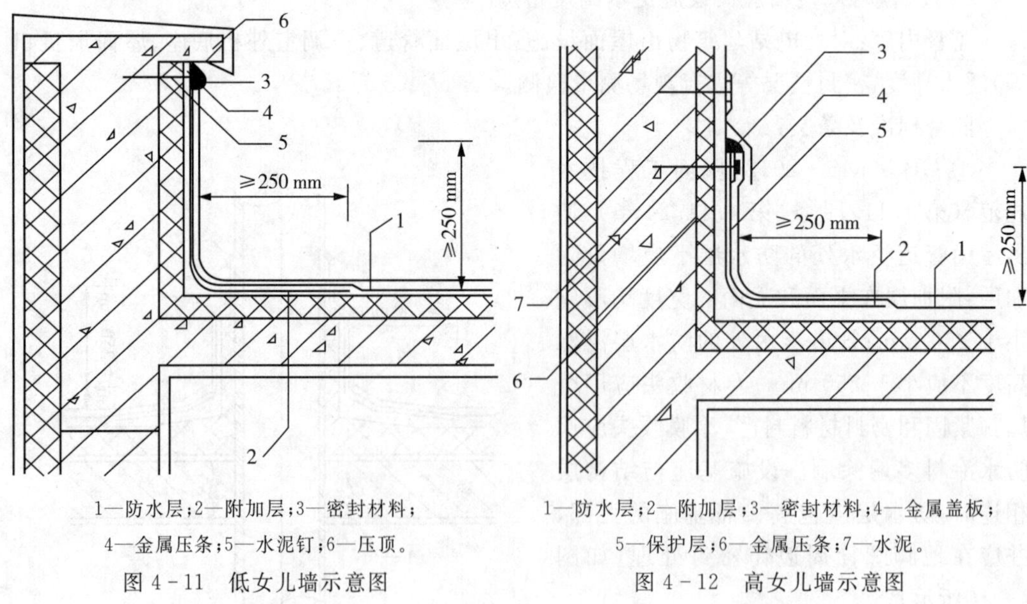

1—防水层；2—附加层；3—密封材料；4—金属压条；5—水泥钉；6—压顶。

图 4－11 低女儿墙示意图

1—防水层；2—附加层；3—密封材料；4—金属盖板；5—保护层；6—金属压条；7—水泥。

图 4－12 高女儿墙示意图

② GB 50207—2012《屋面工程质量验收规范》（第 8.4.1 条～第 8.4.4 条）：女儿墙防水构造应符合设计要求，采用观察检查的检验方法；女儿墙的压顶向内排水坡度不应小

于 5%，压顶内侧下端应做成鹰嘴或滴水槽，女儿墙的泛水高度及附加层铺设应符合设计要求，采用观察和坡度尺检查的方法。

③ Q/GDW 1183—2019《变电（换流）站土建工程施工质量验收规范》（第 6.26.20 条）：屋面女儿墙的防水构造、泛水高度、压顶向内的排水坡度、密封情况等应符合设计要求，采用观察和坡度尺检查的方法。

检查方法：

① 施工阶段核查施工图中女儿墙细部构造图纸、详图说明等内容是否满足相关规范要求。

② 现场采用钢卷尺测量出女儿墙的泛水高度，核实泛水高度是否高于 250 mm。如屋面防水层已铺贴保温层、找平层、保护层或其他面层，该面层可按 50 mm 测算。

③ 现场查看女儿墙压顶和压条设置、密封情况是否满足规范和设计要求，检查女儿墙内侧下端是否做成鹰嘴或滴水槽处理，查看防水卷材是否出现脱胶、鼓包、开裂等问题。

④ 现场测量女儿墙的压顶向内排水坡度是否小于 5%，测量方法与屋面坡度检测一致。

⑤ 将检查结果反馈至《建筑防水专项监督报告》中。

4. 监督项目四：屋面蓄水（淋水）试验旁站检查

监督内容：采用资料检查方式，对变电站建筑物屋面蓄水（淋水）试验记录、监理旁站记录、过程资料等进行分析和复核。

监督标准及条文：

① GB 50207—2012《屋面工程质量验收规范》（第 3.0.12 条和第 9.0.8 条）：屋面防水工程完成后，应进行观感质量检查和雨后观察或淋雨、蓄水试验，不得有渗漏和积水现象。施工质量验收应检查屋面有无渗漏、积水和排水系统是否通畅，应在雨后或持续淋水 2 h 后进行，并应填写淋水试验记录。具备蓄水条件的檐沟、天沟应进行蓄水试验，蓄水时间不得小于 24 h，并应填写蓄水试验记录。

② Q/GDW 1183—2019《变电（换流）站土建工程施工质量验收规范》（第 6.26.11 条～第 6.26.14 条）：防水材料铺设后，必须进行蓄水试验。蓄水深度应为 20～30 mm，24 h 内无渗漏为合格，并做好相应记录。

检查方法：

① 施工作业时，应由监理人员进行旁站监督，记录屋面（屋内）渗漏水情况并拍照记录，应不渗不漏。屋面蓄水（淋水）试验结束后，监督人员现场检查试验报告、旁站记录、照片记录、屋面（屋内）渗漏水情况。注意核查蓄水试验水位高度是否浸没屋面最高点 20 mm，且应覆盖屋面阴角。

② 现场检查屋面情况是否存在渗漏点、积水等情况。重点关注建筑物屋面实体防水情况与试验报告、旁站记录内容和过程资料等检查是否存在差异。

③ 将检查结果反馈至《建筑防水专项监督报告》中。

5. 监督项目五：风机防雨罩选型

监督内容：采用资料检查和现场核查的方式，对设置在变电站建筑物外围处的轴流风机、百叶窗、防雨罩等设施的设计和设备选型进行监督。

监督标准及条文：

①《国家电网公司输变电工程标准工艺（三）工艺标准库》（2016 年版）：屋顶风机叶片选用钢制或铝合金制；屋顶风机必须有可靠的防止雨雪渗透、防静电、防爆、阻燃措施；屋顶风机进出口应设活页门，设置有效的不锈钢材料防鸟网；屋顶风机安装的基础需高屋面距离不低于250 mm，表面要求平整，以防渗水漏水，预埋好地脚螺栓。墙体轴流风机外侧应设置防雨罩或固定防雨百叶窗，防雨百叶窗应加设防鸟隔网，应可靠接地，并有明显标识。通风百叶窗应防火、防沙尘、防雨水，与墙体连接应牢固，接缝严密无渗水。屋顶风机示例图如图 4 - 13 所示、墙体轴流风机示例图如图 4 - 14 所示、蓄电池室墙体轴流风机示例图如图 4 - 15 所示、墙体通风百叶窗示例图如图 4 - 16 所示。

图 4 - 13　屋顶风机示例图

图 4 - 14　墙体轴流风机示例图

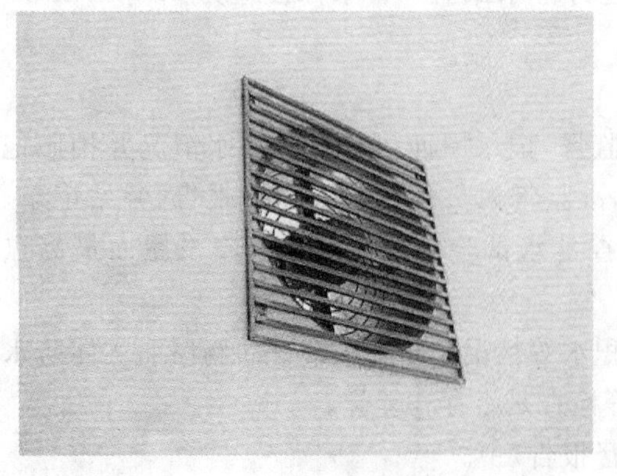

图 4 - 15　蓄电池室墙体轴流风机示例图

图 4 - 16　墙体通风百叶窗示例图

② Q/GDW 1183—2019《变电(换流)站土建工程施工质量验收规范》:风机雨罩等质量检验主要采用核对设计图纸、现场观察检查、产品合格证明材料检查、施工记录检查、试运转和调试等方式。

检查方法:

① 施工阶段核查施工图设计方案中轴流风机、通风百叶窗、防雨罩等设备设施的选用,核实是否满足相关规范要求。

② 竣工验收时,现场检查风机雨罩等选型是否满足国网公司标准工艺库要求,百叶窗、防雨罩等与墙体连接处是否采用防水密封处理。

③ 将检查结果反馈至《建筑防水专项监督报告》中。

6. 监督项目六:雨水管设置

监督内容:采用资料检查和现场核查的方式,对设置在变电站建筑物外围处的轴流风机、百叶窗、防雨罩等设施的设计和设备选型进行监督。

监督标准及条文:GB 50015—2019《建筑给水排水设计标准》(第 3.6.2 条、第 4.4.2 条和第 4.4.3 条等条款):建筑物给水管道不得穿越配电房、通信机房等遇水会损坏设备或引发事故的房间,不得在生产设备、配电柜上方通过,不得妨碍生产操作,埋地的给水管道不得穿越生产设备基础。排水管道不得布置在可能受重物压坏处或穿越生产设备基础,禁止设置在电气设备上部,且雨水管出水口禁止指向电气设备,避免管道脱落时砸到电气设备或雨水管破裂时雨水滴落到电气设备上。不宜设置墙体内或屋内排水。

检查方法:

① 施工阶段核查施工图设计方案中建筑物雨水管设置和雨水排放方式,核实是否满足相关规范要求。

② 竣工验收时,现场检查雨水管是否设置在电气设备上方,出水口是否指向电气设备,是否存在管道脱落砸到电气设备或雨水管破裂雨水滴落到电气设备的风险。

③ 将检查结果反馈至《建筑防水专项监督报告》中。

7. 监督项目七:屋面防水材料检查

监督内容:主要采用资料检查的方式,对变电站建筑物屋面选用的防水卷材或涂料的材料质量进行检查。

监督标准及条文:

① GB 50345—2012《屋面工程技术规范》(第 3.0.4 条、第 5.13. 条):屋面工程施工应遵照"按图施工、材料检验、工序检查、过程控制、质量验收"的原则。屋面工程所采用的防水、保温材料应有产品合格证书和性能检测报告,材料的品种、规格、性能等应符合设计和产品标准的要求。材料进场后,应按规定抽样检验,提出检验报告。工程中严禁使用不合格的材料。

② GB 50207—2012《屋面工程质量验收规范》(第 3.0.6 条、第 3.0.7 条):屋面工程所采用的防水、保温材料应有产品合格证书和性能检测报告,材料的品种、规格、性能等必须符合国家现行产品标准和设计要求。产品质量应由经过省级以上建设行政主管部门对其资质认可和质量技术监督部门对其计量认证的质量检测单位进行检测。防水、保

温材料进场验收应根据设计要求对材料的质量证明文件进行检查，对材料的品种、规格、包装、外观和尺寸等进行检查验收，并应经监理工程师或建设单位代表确认，纳入工程技术档案；防水、保温材料进场检验项目及材料标准应符合规范规定，并应提出进场检验报告；进场检验报告的全部项目指标均达到技术标准规定应为合格，不合格材料不得在工程中使用。

检查方法：

① 检查现场屋面防水工程技术档案中的完整性，是否包含防水、保温材料的具有资质单位提供的质量证明文件，施工和监理单位是否对材料的品种、规格、包装、外观和尺寸等进行检查和验收，并提供进场检验报告记录。

② 复检相关证明文件、检验报告等是否合格。

③ 现场检查材料表观质量是否合格。

④ 将检查结果反馈至《建筑防水专项监督报告》中。

8. 监督项目八：运维检修阶段现场检查

监督内容：运维检修阶段对风机防雨罩破损（渗漏）、屋面（屋内）渗漏水情况进行现场检查。

监督标准及条文：同监督项目四、五。

检查方法：对建筑物屋面、墙面进行日常巡视。如发现屋面或室内墙面出现渗漏，轴流风机、百叶窗、防雨罩等设施出现破损渗漏情况，应及时进行处理。将检查结果反馈至《建筑防水专项监督报告》中。

4.2.6 整改要求

施工图审核阶段监督结果不合格，视为施工图纸不合格，应协调设计变更；电气安装前监督结果不合格，视为土建施工质量不合格，应重新施工，复检合格后方可投运；运维检修阶段监督结果不合格，应更换、堵漏或重新施工。

4.3 抗渗混凝土监督

4.3.1 监督目的

变电站工程建设中，混凝土作为主要的建设材料，其质量的管控至关重要。而地下建构筑所用的抗渗混凝土除具有防水功能外，还兼有抗渗、围护、承重等功能，直接影响变电站内如电缆隧道、消防泵房等建（构）筑物的使用功能；跟普通混凝土比较而言，更易受建设环境、水文地质、工程气象和设计施工质量影响，质量管控更难，变电站内时常发生泵房渗漏、水池墙面开裂、电缆层耐久性差等质量问题，不仅维修整改比较困难，也对在运设备的安全带来一定威胁，所以有必要对地下工程的抗渗混凝土的材料质量、设计标准、施工工艺等进行监督。

4.3.2　监督内容

全部 35 kV 及以上新建变电站工程抗渗混凝土(如消防水池、水泵房、事故油池、电缆半层等)。

4.3.3　检测时机及方式

1. 施工图审查阶段

核查终版施工图的抗渗混凝土设计结构尺寸。

2. 土建施工阶段

土建施工阶段分两次监督:第一次为抗渗混凝土底板浇筑完成后,施工缝处理合格且下道工序开工前;第二次为抗渗混凝土结构全部浇筑完成达到正常龄期后。每次监督均抽检涉及抗渗混凝土部位结构尺寸、裂缝宽度、钢筋保护层厚度,检查抗渗等级报告、混凝土抗压强度报告,现场检查照片记录。

土建施工阶段如采用沉井施工方法,在沉井下沉前应检查结构外观,并复核混凝土强度及抗渗等级。沉井分段制作时,检查施工缝的防水措施是否满足规范规定。

4.3.4　检测前的准备工作

1. 现场准备的资料

① 变电站地下工程终版施工图纸及电子版图纸。

② 地下工程抗渗混凝土开盘鉴定记录、试验报告、评定记录、检测报告、施工记录、过程文字及影像资料等。

③ 地下工程隐蔽工程等重要节点和关键部位的施工、监理、验收过程记录资料。

2. 观测使用的主要仪器

观测使用的主要仪器见表 4-4 所列。

表 4-4　观测使用的主要仪器

仪器、设备名称	数量	备注
裂缝测宽仪器	1	
混凝土回弹仪	1	
混凝土钢筋探测仪	1	
钢卷尺	1	

4.3.5　监督项目、标准和检测方法

1. 监督项目一:主体结构迎水面是否为防水混凝土

监督内容:主要采用资料检查的方式,对变电站地下工程主体结构的设计方案核查。

监督标准及条文:

① GB 50108—2008《地下工程防水技术规范》(第 3.1 条):地下工程应进行防水设

计，并应做到定级准确、方案可靠、施工简便、耐久适用、经济合理；防水方案应根据工程规划、结构设计、材料选择、结构耐久性和施工工艺等确定；地下工程迎水面主体结构应采用防水混凝土，并应根据防水等级的要求采取其他防水措施。地下工程的设计应包括防水等级和设防要求，防水混凝土的抗渗等级和其他技术指标、质量保证措施，防水层和细部构造选用的材料等。地下工程防水标准见表 4－5 所列、防水混凝土设计抗渗等级见表 4－6 所列。

表 4－5　地下工程防水标准

防水等级	防水标准
一级	不允许渗水，结构表面无湿渍
二级	不允许渗水，结构表面无湿渍； 房屋建筑地下工程：总湿渍面积不应大于总防水面积（包括顶板、墙面、地面）的 1/1000；任意 100 m^2 防水面积上的湿渍不超过 2 处，单个湿渍的最大面积不大于 0.1 m^2； 其他地下工程：总湿渍面积不应大于总防水面积的 2/1000；任意 100 m^2 防水面积上的湿渍不超过 3 处，单个湿渍的最大面积不大于 0.2 m^2；其中，隧道工程还要求平均渗水量不大于 0.05 L/(m^2 · d)，任意 100m^2 防水面积上的渗水量不大于0.15 L/(m^2 · d)
三级	有少量渗水点，不得有线流和漏泥沙； 任意 100 m^2 防水面积上的漏水或湿渍点数不超过 7 处，单个漏水点的最大漏水量 2.5 L/d，单个湿渍的最大面积不大于 0.3 m^2
四级	有漏水点，不得有线流和漏泥沙； 整个工程平均漏水量不大于 2 L/(m^2 · d)，任意 100 m^2 防水面积上的漏水量不大于4 L/(m^2 · d)

表 4－6　防水混凝土设计抗渗等级

工程埋置深度 H/m	设计抗渗等级
$H<10$	P6
$10\leqslant H<20$	P8
$20\leqslant H<30$	P10
$H\geqslant 30$	P12

② GB 50208—2011《地下防水工程质量验收规范》（第 3.0.4 条、第 4.1.1 条）：防水混凝土适用于抗渗等级不小于 P6 的地下混凝土结构。地下防水工程施工前，应通过图纸会审，掌握结构主体及细部构造的防水要求，施工单位应编制防水工程专项施工方案，经监理单位或建设单位审查批准后执行。

检查方法：

① 检查变电站地下工程施工图纸，是否采用抗渗混凝土防水；查看防水等级及采取

的防水措施和抗渗要求、地下工程迎水面的设计等；核实是否满足规范要求。

② 查看地下工程抗渗混凝土开盘鉴定记录，核实是否按照设计要求采用相应等级的抗渗混凝土；检查施工单位是否提供经审查批准的防水工程专项施工方案。

③ 将检查结果反馈至《抗渗混凝土监督报告》中。

2. 监督项目二：抗渗混凝土结构厚度、裂缝宽度

监督内容：采用资料检查和现场核查的方式，对变电站地下工程抗渗混凝土结构的设计厚度、现场实体渗漏和裂缝宽度等情况进行监督。

监督标准及条文：

① GB 50108—2008《地下工程防水技术规范》(第 4.1.7 条)：防水抗渗混凝土结构厚度不应小于 250 mm；裂缝宽度不得大于 0.2 mm，并不得贯通。

② GB 50208—2011《地下防水工程质量验收规范》(第 4.1.19 条)：防水混凝土的结构表面的裂缝宽度不应大于 0.2 mm，且不得贯通，采用刻度放大镜等检查；防水混凝土结构厚度不应小于 250 mm，其允许偏差应为＋8 mm、－5 mm，采用尺量检查和检查隐蔽工程验收记录方式检验。某变电站地下室抗渗混凝土结构示意图如图 4－17 所示。

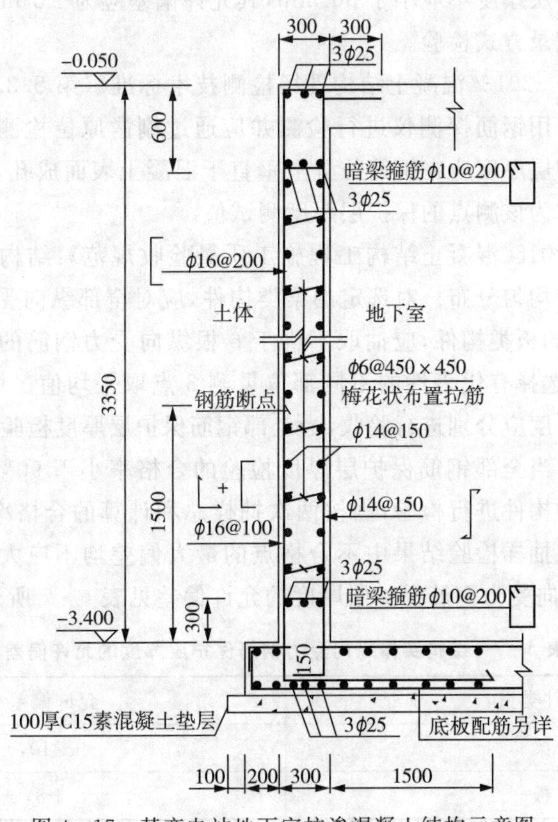

图 4－17　某变电站地下室抗渗混凝土结构示意图

检查方法：

① 施工图审查阶段检查变电站地下工程结构施工图纸，核实抗渗混凝土厚度是否不小于 250 mm，核实是否满足规范要求。

② 土建施工阶段现场实测抽查地下工程抗渗混凝土结构厚度，核实测量数据是否不小于 250 mm；现场测量抗渗混凝土结构表面的裂缝宽度，核实数据是否不大于0.2 mm，是否存在贯通裂缝。

③ 现场检查隐蔽工程验收记录，核实抗渗混凝土结构厚度和裂缝检查记录资料。

④ 现场对抗渗混凝土结构进行表观检查，查看是否存在渗漏水情况。

⑤ 将检查结果反馈至《抗渗混凝土监督报告》中。

3. 监督项目三：抗渗混凝土迎水面钢筋保护层厚度

监督内容：采用资料检查和现场核查的方式，对变电站地下工程抗渗混凝土结构的迎水面钢筋保护层厚度等情况进行监督。

监督标准及条文：

① GB 50108—2008《地下工程防水技术规范》(第 4.1.7 条)：防水抗渗混凝土结构钢筋保护层厚度应根据结构的耐久性和工程环境选用，迎水面钢筋保护层厚度不应小于 50 mm。

② GB 50208—2011《地下防水工程质量验收规范》(第 4.1.19 条)：防水混凝土主体结构迎水面钢筋保护层厚度不应小于 50 mm，其允许偏差应为±5 mm，采用尺量检查和检查隐蔽工程验收记录方式检验。

③ GB/T 50784—2013《混凝土结构现场检测技术标准》(第 9.3.1 条、9.3.2 条)：混凝土保护层厚度宜采用钢筋探测仪进行检测并应通过剔凿原位检测法进行验证。剔凿原位检测混凝土保护层厚度应在钢筋位置上垂直于混凝土表面成孔，以钢筋表面至构件混凝土表面的距离作为该测点的保护层厚度测试值。

④ GB 50204—2015《混凝土结构工程施工质量验收规范》：结构实体钢筋保护层厚度检验构件的选取应均匀分布。对选定的梁类构件，应对全部纵向受力钢筋的保护层厚度进行检验；对选定的板类构件，应抽取不少于 6 根纵向受力钢筋的保护层厚度进行检验。对每根钢筋，应选择有代表性的不同部位量测 3 点取平均值。梁类、板类构件纵向受力钢筋的保护层厚度应分别进行验收，当全部钢筋保护层厚度检验的合格率为 90%及以上时，可判为合格；当全部钢筋保护层厚度检验的合格率小于 90%但不小于 80%时，可再抽取相同数量的构件进行检验，当按两次抽样总和计算的合格率为 90%及以上时，仍可判为合格。每次抽样检验结果中不合格点的最大偏差均不应大于规定允许偏差的 1.5 倍。结构实体纵向受力钢筋保护层厚度的允许偏差见表 4-7 所列。

表 4-7　结构实体纵向受力钢筋保护层厚度的允许偏差

构件类型	允许偏差/mm
梁	+10，−7
板	+8，−5

检查方法：

① 施工图审查阶段检查变电站地下工程结构施工图纸，核实抗渗混凝土钢筋的保护层厚度是否满足规范要求。

② 土建施工阶段现场混凝土未浇筑前，可采用钢卷尺进行现场抽检实测，抽检比例和检测标准见 GB 50204—2015《混凝土结构工程施工质量验收规范》相关要求。现场混凝土已浇筑完成，采用钢筋探测仪进行抽检测量，核实测量数据是否满足设计和规范要求。

现场不具备实测条件时，可通过检查混凝土钢筋保护层厚度检测报告，检查隐蔽工程验收记录，核实抗渗混凝土钢筋保护层厚度检查记录过程资料。

③ 现场对抗渗混凝土结构进行表观检查，查看是否存在锈蚀、露筋等情况。

④ 将检查结果反馈至《抗渗混凝土监督报告》中。

4. 监督项目四：抗渗混凝土施工缝留置情况

监督内容：采用资料检查和现场核查的方式，对变电站地下工程抗渗混凝土结构的施工缝的留置位置进行监督。

监督标准及条文：

① GB 50108—2008《地下工程防水技术规范》（第 4.1.24 条）：防水混凝土应连续浇筑，宜少留施工缝。当留设施工缝时，墙体水平施工缝不应留在剪力最大处或底板与侧墙的交接处，应留在高出底板表面不小于 300 mm 的墙体上；拱（板）墙结合的水平施工缝，宜留在拱（板）墙接缝线以下 150～300 mm 处；墙体有预留孔洞时，施工缝距孔洞边缘不应小于 300 mm；垂直施工缝应避开地下水和裂隙水较多的地段，并宜与变形缝相结合。施工缝防水构造如图 4－18～图 4－21 所示。

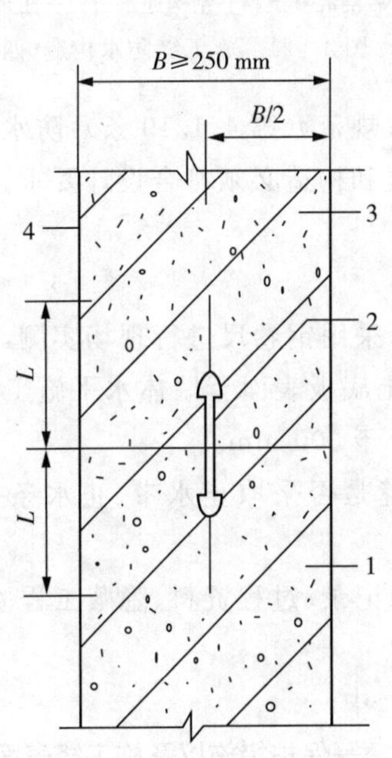

1—先浇混凝土；2—中埋止水带；
3—后浇混凝土；4—结构迎水面。

图 4－18　施工缝防水构造（一）

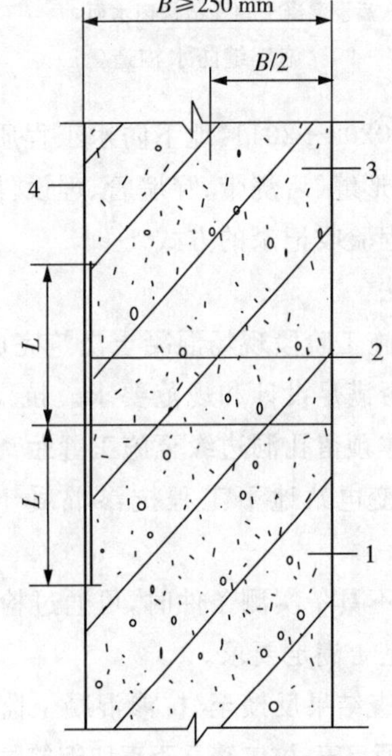

1—先浇混凝土；2—外贴止水带；
3—后浇混凝土；4—结构迎水面。

图 4－19　施工缝防水构造（二）

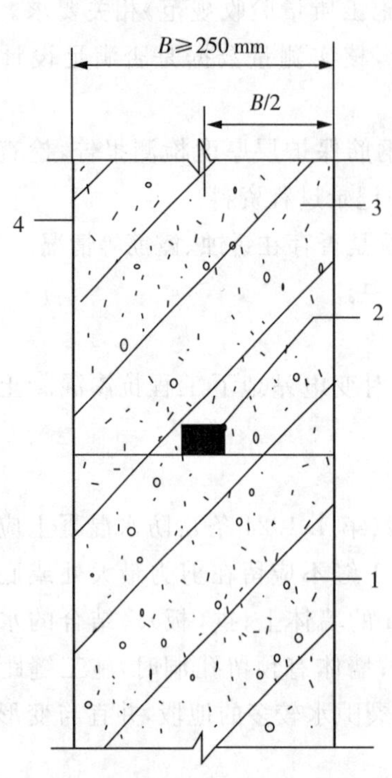

1—先浇混凝土；2—膨胀止水条；
3—后浇混凝土；4—结构迎水面。

图 4-20 施工缝防水构造(三)

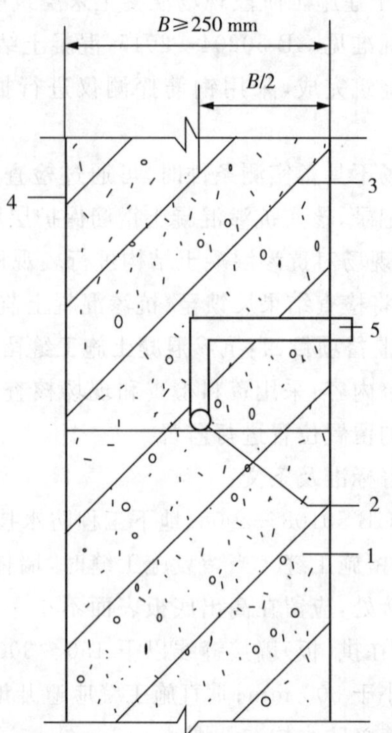

1—先浇混凝土；2—预埋注浆管；
3—后浇混凝土；4—结构迎水面；5—注浆导管。

图 4-21 施工缝防水构造(四)

② GB 50208—2011《地下防水工程质量验收规范》(第 4.1.19 条)：防水混凝土结构的施工缝、变形缝、后浇带、穿墙管、埋设件等设置和构造必须符合设计要求，采用观察和检查隐蔽工程验收记录的方式。

检查方法：

① 土建施工阶段现场混凝土浇筑完成后，可采用钢卷尺进行现场实测，核实施工缝留置位置是否满足设计和规范要求。抗渗混凝土底板表面至墙体水平施工缝应不小于 300 mm，墙体预留孔洞边缘至施工缝距离不应小于 300 mm。

② 检查变电站地下工程抗渗混凝土施工缝是否采取止水带、止水条等防水构造措施。

③ 现场不具备实测条件时，可通过检查施工记录、过程资料、隐蔽工程验收记录，核实相关资料是否满足要求。

④ 将检查结果反馈至《抗渗混凝土监督报告》中。

5. 监督项目五：施工缝是否采取钢筋防锈或阻锈等保护措施以及施工缝表面清理情况

监督内容：采用资料检查和现场核查的方式，对变电站地下工程抗渗混凝土结构的施工缝的采取措施情况进行监督。

监督标准及条文：

① GB 50108—2008《地下工程防水技术规范》(第 4.1.26 条):水平施工缝浇筑混凝土前,应将其表面浮浆和杂物清除,然后铺设净浆或涂刷混凝土界面处理剂、水泥基渗透结晶型防水涂料等材料,再铺 30～50 mm 厚的 1∶1 水泥砂浆,并应及时浇筑混凝土;垂直施工缝浇筑混凝土前,应将其表面清理干净,再涂刷混凝土界面处理剂或水泥基渗透结晶型防水涂料,并应及时浇筑混凝土;遇水膨胀止水条(胶)应与接缝表面密贴。

② GB 50666—2011《混凝土结构工程施工规范》(第 8.6.8 条):施工缝应采取钢筋防锈或阻锈等保护措施。

检查方法:

① 现场查看抗渗混凝土施工缝在浇筑前是否进行了清理工作,施工缝处钢筋是否采取了防锈或阻锈等保护措施。

② 施工已完成或现场不具备实测条件时,可通过检查施工记录、过程资料、隐蔽工程验收记录,核实相关资料是否满足要求。

③ 将检查结果反馈至《抗渗混凝土监督报告》中。

6. 监督项目六:抗渗混凝土的施工配合比、试配混凝土的抗渗等级检查

监督内容:主要采用资料检查的方式,对变电站地下工程抗渗混凝土结构的抗渗等级进行监督。

监督标准及条文:

① GB 50108—2008《地下工程防水技术规范》(第 4.1.1 条～第 4.1.4 条):防水混凝土可通过调整配合比,或掺加外加剂、掺合料等措施配制而成,其抗渗等级不得小于 P6。防水混凝土的施工配合比应通过试验确定,试配混凝土的抗渗等级应比设计要求提高 0.2 MPa。防水混凝土应满足抗渗等级要求,并应根据地下工程所处的环境和工作条件,满足抗压、抗冻和抗侵蚀性等耐久性要求。

② JGJ 55—2011《普通混凝土配合比设计规程》(第 7.1.3 条):配制抗渗混凝土要求的抗渗水压值应比配合比设计值提高 0.2 MPa;抗渗试验结果应满足式(4-1):

$$P_t \geqslant P/10 + 0.2 \tag{4-1}$$

式中:P_t——6 个试件中不少于 4 个未出现渗水时的最大水压值,单位为 MPa;

P——设计要求的抗渗等级值。

③ GB 50208—2011《地下防水工程质量验收规范》(第 4.1.11 条):防水混凝土抗渗性能应采用标准条件下养护混凝土抗渗试件的试验结果评定,试件应在混凝土浇筑地点随机取样后制作。连续浇筑混凝土每 500 m^3 应留置一组 6 个抗渗试件,且每项工程不得少于两组;采用预拌混凝土的抗渗试件,留置组数应视结构的规模和要求而定。

检查方法:

① 抽查防水混凝土施工配合比设计报告和混凝土抗渗性能检测报告。配置抗渗混凝土要求的抗渗水压值应比设计值提高 0.2 MPa(试验抗渗等级高于设计抗渗等级要求一级,如设计抗渗等级为 P6,对应抗渗水压为 0.6 MPa,试配报告的抗渗等级应达到 P8,抗渗水压值为 0.8 MPa)。

② 将检查结果反馈至《抗渗混凝土监督报告》中。

7. 监督项目七:混凝土抗压强度评定检查

监督内容:采用资料检查和现场核查的方式,对变电站地下工程抗渗混凝土结构的抗压强度情况进行监督。

监督标准及条文:

① GB 50208—2011《地下防水工程质量验收规范》(第4.1.10条):防水混凝土抗压强度试件,应在混凝土浇筑地点随机取样后制作。同一工程、同一配合比的混凝土,取样频率与试件留置组数应符合现行国家标准GB 50204—2015《混凝土结构工程施工质量验收规范》的有关规定;抗压强度试验应符合现行国家标准GB/T 50081—2019《混凝土物理力学性能试验方法标准》的有关规定;结构构件的混凝土强度评定应符合现行国家标准GB/T 50107—2010《混凝土强度检验评定标准》的有关规定。

② GB 50204—2015《混凝土结构工程施工质量验收规范》(第7.4.1条):混凝土的强度等级必须符合设计要求。用于检验混凝土强度的试件应在浇筑地点随机抽取。检查数量:对同一配合比混凝土,每拌制100盘且不超过100 m^3时,取样不得少于一次;每工作班拌制不足100盘时,取样不得少于一次;连续浇筑超过1000 m^3时,每200 m^3取样不得少于一次;每次取样应至少留置一组试件。检验方法:检查施工记录及混凝土强度试验报告。

③ GB/T 50107—2010《混凝土强度检验评定标准》:当连续生产的混凝土,生产条件在较长时间内保持一致,且同一品种、同一强度等级混凝土的强度变异性保持稳定时,采用统计方法评定。当用于评定的样本容量小于10组时,应采用非统计方法评定混凝土强度。按非统计方法评定混凝土强度,当混凝土强度<C60时,同一检验批混凝土立方体抗压强度的平均值应≥1.15倍混凝土立方体抗压强度标准值,最小值应≥0.95倍的混凝土立方体抗压强度标准值;当混凝土强度≥C60时,同一检验批混凝土立方体抗压强度的平均值应≥1.10倍混凝土立方体抗压强度标准值,最小值应≥0.95倍的混凝土立方体抗压强度标准值。

检查方法:

① 查看抗渗混凝土抗压强度检验报告、强度评定表等数据资料,核实是否满足设计和规范的要求。

② 如抗压强度报告数据资料存在问题或抗压强度不足,可采用混凝土回弹仪对混凝土现场实体进行检测。

③ 将检查结果反馈至《抗渗混凝土监督报告》中。

8. 监督项目八:沉井结构外观检查、混凝土强度及抗渗等级复核

监督内容:对采用沉井施工方式的地下工程,对沉井结构外观、强度和抗渗情况进行监督。

监督标准及条文:GB/T 51130—2016《沉井与气压沉箱施工规范》(5.4.1条):沉井下沉前应检查结构外观,并复核混凝土强度及抗渗等级。根据施工计算结果判断各阶段是否会出现突沉或下沉困难,确定下沉方法和相应技术措施。

检查方法:如变电站地下工程抗渗混凝土采用沉井施工方式,在施工前应检查沉井外观是否存在破损、裂缝情况;查看抗渗混凝土抗压强度检验报告、强度评定表等数据资料,核实是否满足施工条件,并将检查结果反馈至《抗渗混凝土监督报告》中。

9. 监督项目九:沉井施工缝防水措施检查

监督内容:对采用沉井施工方式的地下工程,进行沉井结构施工缝防水情况进行监督。

监督标准及条文:GB 50208—2011《地下防水工程质量验收规范》(第6.4.2条):沉井分段制作时,施工缝用止水带、遇水膨胀止水条或止水胶等必须符合设计要求;施工缝防水构造必须符合设计要求。

检查方法:如变电站地下工程抗渗混凝土采用沉井施工方式,核查沉井制作施工图纸,现场检查施工缝防水构造是否满足要求。如现场已施工完成,对施工记录、隐蔽工程验收记录、施工过程资料、监理旁站记录等内容进行检查,并将检查结果反馈至《抗渗混凝土监督报告》中。

4.3.6　整改要求

施工图审查阶段监督结果不合格,应协调建设部门修改设计图纸;土建施工验收阶段不合格,应协调建设部门重新施工或进行维修补强,复检合格后方可投运。

4.4　穿墙套管及门窗密封监督

4.4.1　监督目的

变电站内穿墙套管与门窗的安装质量高低直接影响变电站的封闭性能,导致墙体渗漏水等隐患,不仅整改比较麻烦,而且严重情况下会威胁变电站室内设备安全稳定运行。同时,穿墙套管等设备的安装存在电气和土建两个专业的交叉衔接,质量管控更难,需要两个专业同时协同配合才可避免技术质量问题。该项目主要对主要生产建筑物的外部围护体系的密封性能等进行监督。

4.4.2　监督内容

对新建的35 kV及以上、投运1年内的110 kV及以上变电站的主要生产建筑物(主控楼、配电装置楼、保护小室等)外墙淋雨部位的穿墙套管及门窗防水密封情况进行监督。

4.4.3　检测时机及方式

1. 施工图审查阶段

查阅相关设计文件(施工图纸、设计说明等),对穿墙套管构造节点(倾斜方向、标准工艺应用)、门窗构造节点(建筑外檐门窗口的防水和排水构造、标准工艺应用)及外门窗性能等级进行资料核查。

2. 竣工验收阶段

现场检查穿墙套管的倾斜方向是否正确;检查安装钢板与预留孔洞缝隙封堵、检查穿墙套管底座或法兰盘是否埋入混凝土或抹灰层内、检查穿墙套管中间钢板与瓷件法兰结合面涂防水胶的照片;检查穿墙套管部位内侧墙体的渗水情况。现场检查门窗密封情况、门窗构造节点做法,必要时检查材料的产品合格证书、性能检测报告、进场验收记录和复验报告、隐蔽工程验收记录及施工记录。检查门窗内侧墙体的渗水情况。

3. 运维检修阶段

对穿墙套管、门窗渗漏水情况进行现场检查。监督人员记录渗漏水情况并拍照记录。

4.4.4 检测前的准备工作

1. 现场准备的资料

① 变电站建筑物终版建筑施工图、穿墙套管安装施工图及电子版图纸等。

② 建筑物门窗、穿墙套管等材料设备合格证书、进场验收记录、检测报告、施工记录、过程文字及影像资料等。

③ 安装隐蔽工程等重要节点和关键部位的施工、监理、验收过程记录资料等。

2. 观测使用的主要仪器

观测使用的主要仪器见表 4-8 所列。

表 4-8 观测使用的主要仪器

仪器、设备名称	数量	备注
激光测距仪	1	
坡度尺	1	
钢卷尺	1	

4.4.5 监督项目、标准和检测方法

1. 施工图审核阶段

(1)监督项目一:穿墙套管构造节点

监督内容:对生产建筑物穿墙套管施工图的安装倾斜角等进行核查。

监督标准及条文:

① GB/T 12944—2011《高压穿墙瓷套管》附录 B,安装板厚度 S≤50 mm,穿墙套管法兰安装面对水平线的倾斜角 α,在墙的一侧为户外时,推荐 α 约 5°,其他情况可取为 0°。穿墙套管安装示意图如图 4-22 所示。

② 标号 0102030205《国家电网公司输变电工程标准工艺(三)标准工艺库(2016 年

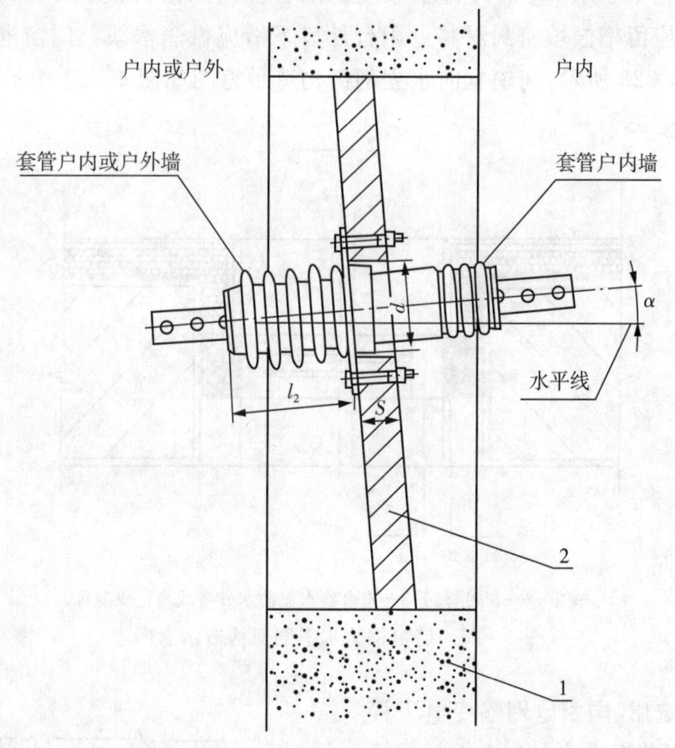

1—建筑物墙;2—安装板。

图 4-22　穿墙套管安装示意图

版)》:同一平面或垂直面上的穿墙套管的顶面应位于同一平面上,其中心线位置应符合设计要求。

检查方法:核查生产建筑物穿墙套管安装施工图是否满足工艺和规范要求,是否选用国网公司标准工艺库。将检查结果反馈至《施工图审核阶段外墙穿墙套管及门窗密封监督报告》中。

(2)监督项目二:门窗构造节点及外门窗性能等级

监督内容:对生产建筑物门窗节点施工图和大样图进行核实,对门窗技术方案和施工图纸进行复核。

监督标准及条文:

① 基建质量〔2010〕19 号《国家电网公司输变电工程质量通病防治工作要求及技术措施》第二十二条中门窗质量通病防治的设计措施:应明确门窗抗风压、气密性和水密性三项性能指标。其性能等级划分应符合国家现行规范 GB/T 7106—2008《建筑外门窗气密、水密、抗风压性能分级及检测方法》及相关地方标准的规定。

② JGJ/T 235—2011《建筑外墙防水工程技术规程》(第 5.3.1 条、第 5.3.3 条):门窗框与墙体间的缝隙宜采用聚合物水泥防水砂浆或发泡聚氨酯填充;外墙防水层应延伸至门窗框,防水层与门窗框间应预留凹槽,并应嵌填密封材料;门窗上楣的外口应做滴水

线;外窗台应设置不小于5%的外排水坡度。阳台应向水落口设置不小于1%的排水坡度,水落口周边应留槽嵌填密封材料。阳台外口下沿应做滴水线。门窗框防水平剖面构造示意图如图4-23所示,门窗框防水立剖面构造示意图如图4-24所示。

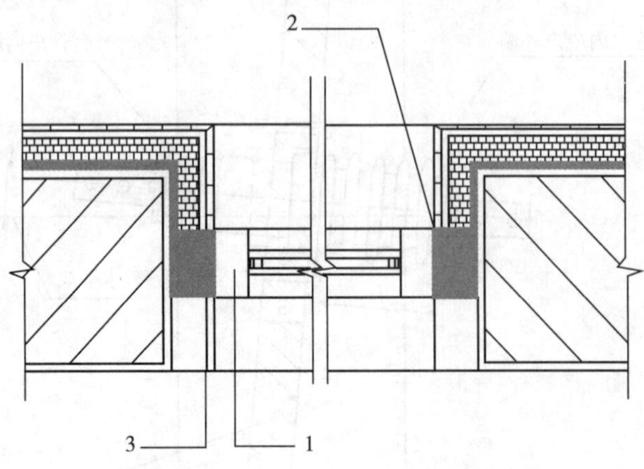

1—窗框;2—密封材料;3—聚合物水泥防水砂浆或发泡聚氨酯。

图4-23 门窗框防水平剖面构造示意图

③ 百叶窗选用《国家电网输变电工程标准工艺(三)工艺标准库(2016年版)》标准。墙体轴流风机外侧应设置防雨罩或固定防雨百叶窗,防雨百叶窗应加设防鸟隔网,应可靠接地,并有明显标识。通风百叶窗选用钢制或铝制等,材料应满足国家相关规定;百叶风口应防火、防沙尘、防雨水,内侧设置不锈钢防鸟隔网;百叶窗焊点应光滑牢固,与墙体连接应牢固,接缝严密无渗水,安装方向正确。示意图见建筑防水监督中监督项目五。

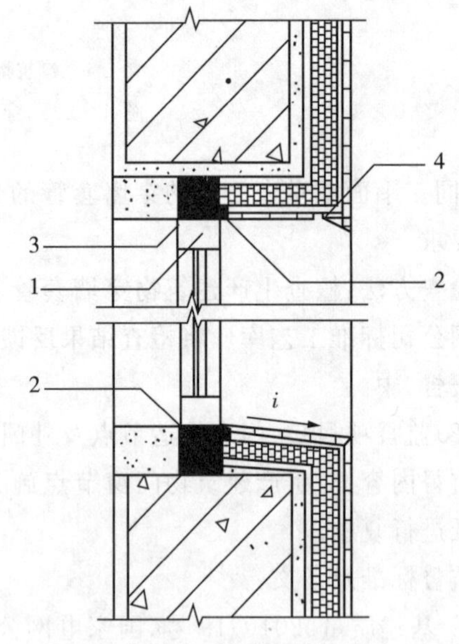

1—窗框;2—密封材料;
3—聚合物水泥防水砂浆或发泡聚氨酯;4—滴水线。

图4-24 门窗框防水立剖面构造示意图

检查方法:

① 核查生产建筑物施工图设计说明及建筑节点大样施工图,是否对门窗的抗风压、气密性和水密性三项性能指标进行了明确,门窗、阳台等防水节点构造是否满足JGJ/T 235—2011《建筑外墙防水工程技术规程》等规范要求。

② 核查百叶窗等选择是否采用国网公司标准工艺库,是否满足防水要求。

③ 将检查结果反馈至《施工图审核阶段外墙穿墙套管及门窗密封监督报告》中。

2. 竣工验收阶段

(1)监督项目一:穿墙套管施工资料检查

监督内容:对生产建筑物穿墙套管现场安装施工资料进行检查。

监督标准及条文:《国家电网公司输变电工程标准工艺(三)标准工艺库(2016 年版)》:安装钢板与埋件焊接牢固,钢板与预留孔洞缝隙封堵严实,且钢板应可靠接地。穿墙套管就位前应检查外部瓷裙完好无损,中间钢板与瓷件法兰结合面胶合牢固,并涂以性能良好的防水胶。应对安装钢板与预留孔洞进行封堵,穿墙套管底座或法兰盘不得埋入混凝土或抹灰层内。钢板完成后示意图如图 4-25 所示、穿墙套管安装成品示意图如图 4-26 所示。

图 4-25　钢板完成后示意图

图 4-26　穿墙套管安装成品示意图

检查方法:

① 现场检查穿墙套管的孔洞封堵和底座安装等情况,核实是否存在穿墙套管埋入抹灰层,中间钢板与瓷件法兰结合面是否涂防水密封胶并粘贴牢固等。

② 核查上述施工资料,包括过程资料、施工安装和封堵情况的影像数据、监理记录等。

③ 将检查结果反馈至《竣工验收阶段外墙穿墙套管及门窗密封监督报告》中。

(2)监督项目二:门窗资料检查

监督内容:对生产建筑物门窗施工图、合格证书等资料进行检查。

监督标准及条文:

① GB 50210—2018《建筑装饰装修工程质量验收标准》(第 6.1.2 条、第 6.1.3 条):门窗工程验收时应检查门窗工程的施工图、设计说明及其他设计文件,材料的产品合格证书、性能检测报告、进场验收记录和复验报告,隐蔽工程验收记录,施工记录等资料。门窗工程应对建筑外窗的气密性能、水密性能和抗风压性能指标进行复验。

② JGJ/T 205—2010《建筑门窗工程检测技术规程》:门窗产品的进场检验应由建设单位或其委托的监理单位组织门窗生产单位和门窗安装单位等实施;门窗产品进场时,建设单位或其委托的监理单位应对门窗产品生产单位提供的产品合格证书、检验报告和型式检验报告等进行核查;对于提供建筑门窗节能性能标识证书的,应对其进行核查。门窗工程性能的现场检测宜包括外门窗气密性能、水密性能、抗风压性能和隔声性能;对于易受人体或物体碰撞的建筑门窗,宜进行撞击性能的检测;门窗工程性能的现场检测工作宜由第三方检测机构承担。条文说明:过去只注重门窗本身性能实验室检测,将安

装之后的门窗性能视同实验室的检测结果，实际上工程安装后的门窗性能却比实验室检测结果差很多。主要原因是在缺少对门窗安装后整体性能进行检测督促的条件下，生产单位送到实验室检测的门窗可能和实际进场安装的门窗不同；另外，门窗安装时对性能影响很大的门窗框与洞口之间的缝隙普遍填嵌不饱满的缺陷得不到应有的重视。因此，对建筑外门窗气密性能、水密性能、抗风压性能、隔声性能和撞击性能等进行现场检测是保证门窗工程质量的关键。

检查方法：检查建筑物门窗施工图、产品合格证、性能检测报告、进场的气密性能、水密性能、抗风压性能现场检测报告、验收记录等资料内容是否完整，是否满足技术和规范要求。将检查结果反馈至《竣工验收阶段外墙穿墙套管及门窗密封监督报告》中。

(3)监督项目三：穿墙套管倾斜方向、内侧墙体渗水情况检查

监督内容：对生产建筑物穿墙套管安装和周边渗漏水情况进行现场检查。

监督标准及条文：同施工图审核阶段监督项目一和竣工验收阶段监督项目一。

检查方法：

① 主要采用现场查看的方法。观察穿墙套管的倾斜方向是否正确，是否符合 GB/T 12944—2011《高压穿墙瓷套管》的安装要求，不应向室内倾斜。

② 观察穿墙套管部位内侧墙体是否有渗漏水痕迹，观察孔洞处打胶密封情况。

③ 将检查结果反馈至《竣工验收阶段外墙穿墙套管及门窗密封监督报告》中。

(4)监督项目四：门窗密封情况、门窗构造节点做法，门窗内侧墙体的渗水情况检查

监督内容：对生产建筑物穿墙套管安装和周边渗漏水情况进行现场检查。

监督标准及条文：

① 基建质量〔2010〕19 号《国家电网公司输变电工程质量通病防治工作要求及技术措施》第二十三条中门窗质量通病防治的施工措施：门窗框外侧应留 5 mm 宽、6 mm 深的打胶槽口；外墙面层为粉刷层时，宜贴“⊥”形塑料条做槽口。内窗台应较外窗台高 10 mm，外窗底框下沿与窗台间应留有 10 mm 的槽口。打胶面应干净，干燥后施打密封胶，且应采用中性硅酮密封胶。严禁在涂料面层上打密封胶。

② JGJ/T 235—2011《建筑外墙防水工程技术规程》(第 5.3.1 条)：节点部位是外墙渗漏水的重点部位，大量的外墙渗漏主要出现在节点部位，其中门窗框周边是最易出现渗漏的部位，应着重进行设防。门窗框间嵌填的密封处理应与外墙防水层相连，才能阻止雨水从门窗框四周流向室内。门窗上楣的外口的滴水处理可以阻止顺墙下流的雨水爬入门窗上口。窗台必要的外排水坡度利于防水。

③《国家电网输变电工程标准工艺(三)工艺标准库(2016 年版)》：内外窗台的工艺做法和施工要点。外窗台应留设滴水线；外窗台应低于内窗台，窗台排水坡度不应小于 3%；若外墙为涂料饰面时，宜做外窗套，窗套上下部分应做滴水线。外窗台效果示意图如图4－27所示。

检查方法：

① 现场观察门窗内侧墙体是否有渗水痕迹，以判断门窗密封性是否符合要求。

② 查看门窗上楣的外口和阳台外口下沿等区域是否设置了滴水线，判断细部构造是

图 4-27　外窗台效果示意图

否满足排水要求。

③ 现场采用激光测距仪测量外窗台排水坡度，坡度不应小于 5%；测量阳台地坪向落水口的排水坡度，坡度不应小于 1%；采用钢卷尺实测内外窗台高差，内窗台应比外窗台高 10 mm；实测上述数据是否满足相关要求。

④ 现场检查窗框与墙体连接处、窗台板与墙体连接处等节点是否进行耐候硅酮胶封闭处理，应开槽打胶，严禁在涂料面层上打密封胶；检查落水口周边是否留槽嵌填密封材料。

⑤ 现场检查百叶窗等选型是否符合国网公司标准库要求，百叶窗与墙体连接应牢固、接缝严密无渗水、安装方向正确。

⑥ 将检查结果反馈至《竣工验收阶段外墙穿墙套管及门窗密封监督报告》中。

3. 运维检修阶段

(1)监督项目一：现场检查穿墙套管部位内侧墙体是否有渗水痕迹

监督内容：运维检修阶段对生产建筑物穿墙套管实体渗漏水情况进行检查。

监督标准及条文：《国家电网公司变电运维管理规定(试行)第 13 分册　穿墙套管运维细则》第 2.1.9 条：穿墙套管四周与墙壁应封闭严密，无裂缝或孔洞。现场检查穿墙套管部位内侧墙体不应有渗漏水的痕迹。监督人员记录渗漏水情况并拍照记录。

检查方法：对生产建筑物的穿墙套管及周边进行日常巡视，检查穿墙套管部位内侧墙体是否有渗水痕迹，以判断穿墙套管密封性是否符合要求。如发现渗漏、密封不严等情况，应及时进行处理。将检查结果反馈至《运维检修阶段外墙穿墙套管及门窗密封监督报告》中。

(2)监督项目二：现场检查门窗内侧墙体是否有渗水痕迹

监督内容：运维检修阶段对建筑物墙面、门窗等实体渗漏水情况进行检查。

监督标准及条文：《国家电网公司变电运维管理规定(试行)第 27 分册　土建设施运维细则》(第 2.1.1 条和第 2.1.5 条)：墙面清洁、无破损，内墙无渗漏水痕迹，地面清洁、无积水、无裂纹。门窗无破损、变形，窗帘、窗纱无破损。现场检查门窗内侧墙体不应有渗漏水的痕迹。监督人员记录渗漏水情况并拍照记录。

检查方法:对建筑物的墙面和门窗区域进行日常巡视,检查门窗内侧墙体是否有渗水痕迹,以判断门窗密封性是否符合要求。如发现渗水、密封不严、窗台处等情况,应及时进行处理。将检查结果反馈至《运维检修阶段外墙穿墙套管及门窗密封监督报告》中。

4.4.6 整改要求

施工图审核阶段监督结果不合格,视为施工图纸不合格,由设计单位限期修改图纸。竣工验收阶段,对于外墙穿墙套管密封性不符合要求的,出现渗水现象,分析原因并限期整改;门窗密封性监督结果不合格的视为土建施工质量不合格,应协调建设部门重新施工或进行维修补强;穿墙套管、门窗的密封性复检合格后方可投运。运维检修阶段监督结果不合格,应重新施工或进行维修补强。

4.5 回填土压实监督

4.5.1 监督目的

变电站由于场地原始地形地貌和工程地质条件差异性大,直接承受变电站内生产建筑物、设备基础、电缆隧道等荷载,如场地大面积填土地基、基坑回填、场区平整等分部分项工程的压实度及承载力不足,将引起站内建(构)筑物的沉降、变形甚至坍塌,严重威胁生产设备和电网安全,故应对大面积填土地基回填土的设计方案、填料选择、承载能力、施工工艺等高度重视,在设计、施工等阶段严格把关,保证站内建(构)筑物安全稳定运行。

4.5.2 监督内容

对新建 35 kV 及以上变电站工程大面积填土地基回填土的填料选用、填料级配、压实系数进行监督;对基坑回填、场区平整填方工程的填料选择、压实系数进行监督;对填方边坡、挡土墙墙背的回填土填料选用、压实系数进行监督;对设计提出有监测要求的边坡进行监督。

4.5.3 检测时机及方式

1. 施工图审查阶段

检查终版施工图设计的压实系数控制值是否符合规范要求,核查压实填土的填料选择是否满足规范要求。

2. 土建施工阶段

检查填土地基填料是否满足设计要求,当采用砂和砂石、碎石等材料回填时应检查其采用的颗粒级配是否良好,查看回填土压实系数试验报告、地基承载力试验报告、施工过程照片、施工记录;检查基坑回填、场区平整填方工程查看回填土填料是否满足设计要求,查看压实系数试验报告、施工过程照片、施工记录;检查填方边坡、挡土墙墙背填料是否满足设计要求，查看压实系数试验报告；检查设计提出有监测要求的边坡是否制订了监测方案。

4.5.4　检测前的准备工作

1. 现场准备的资料

① 变电站终版“三通一平”施工图、土建总平面施工图、地基处理施工图、边坡设计方案等施工图及电子版图纸。

② 回填土压实系数试验报告、回填材料的进场验收记录和检测报告、边坡变形监测方案、施工记录、过程文字及影像资料等。

③ 隐蔽工程重要节点和关键部位的施工、监理、验收记录等资料。

2. 观测使用的主要仪器

观测使用的主要仪器见表 4－9 所列。

表 4－9　观测使用的主要仪器

仪器、设备名称	数量	备注
轻型触探仪	1	非必需
密实度检测仪	1	非必需
环刀取土器	1	非必需
天平	1	非必需

4.5.5　监督项目、标准和检测方法

1. 施工图审核阶段

(1)监督项目一：核查压实系数控制值

监督内容：对压实填土的设计施工图压实系数控制值等进行核查。

监督标准及条文：GB 50007—2011《建筑地基基础设计规范》(第 6.3.7 条)：压实填土的质量以压实系数 λ_c 控制，并应根据结构类型、压实填土所在部位确定，压实填土地基压实系数控制值见表 4－10 所列。

表 4－10　压实填土地基压实系数控制值

结构类型	填土部位	压实系数(λ_c)	控制含水量/%
砌体承重及框架结构	在地基主要受力层范围内	≥0.97	$w_{op}\pm 2$
	在地基主要受力层范围以下	≥0.95	
排架结构	在地基主要受力层范围内	≥0.96	
	在地基主要受力层范围以下	≥0.94	
注：① 压实系数(λ_c)为填土的实际干密度(ρ_d)与最大干密度(ρ_{dmax})之比；$w_{op}\pm 2$ 为最优含水量； ② 地坪垫层以下及基础底面标高以上的压实填土，压实系数不应小于 0.94。			

检查方法：对变电站内回填土施工图中的压实系数的选用、土壤试验报告压实系数鉴定结果进行核实，核实是否满足 GB 50007—2011《建筑地基基础设计规范》等规范要求。将检查结果反馈至《施工图审核阶段回填土压实监督报告》中。

(2)监督项目二：核查压实填土的填料选择是否满足规范要求

监督内容：对压实填土设计施工图的填料选择等进行核查。

监督标准及条文：JGJ 79—2012《建筑地基处理技术规范》(第 6.2.2 条)：压实填土的填料可选用粉质黏土、灰土、粉煤灰、级配良好的砂土或碎石土，以及质地坚硬、性能稳定、无腐蚀性和无放射性危害的工业废料等，并应满足"以碎石土作填料时，其最大粒径不宜大于 100 mm；以粉质黏土、粉土作填料时，其含水量宜为最优含水量，可采用击实试验确定；不得使用淤泥、耕土、冻土、膨胀土以及有机质含量大于 5%的土料；采用振动压实法时，宜降低地下水位到振实面下 600 mm"要求。

检查方法：对变电站内回填土施工图中的压实填料的选用结果进行核实，核实是否满足 GB 50007—2011《建筑地基基础设计规范》等规范要求。将检查结果反馈至《施工图审核阶段回填土压实监督报告》中。

2. 土建施工阶段

(1)监督项目一：采用砂和砂石地基的材料检查

监督内容：对压实填土施工用材料的试验报告等内容进行核查。

监督标准及条文：

① GB 51004—2015《建筑地基基础工程施工规范》(第 4.3.1 条～第 4.3.3 条)：砂和砂石地基的材料宜采用颗粒级配良好的砂石，砂石的最大粒径不宜大于 50 mm，含泥量不应大于 5%；采用细砂时应掺入碎石或卵石，掺量应符合设计要求；砂石材料应去除草根、垃圾等有机物，有机物含量不应大于 5%。砂和砂石地基的施工前应通过现场试验性施工确定分层厚度、施工方法、振捣遍数、振捣器功率等技术参数；分层施工时，下层经压实系数检验合格后方可进行上一层施工。砂石地基的施工质量宜采用环刀法、贯入法、载荷法、现场直接剪切试验等方法检测。

② GB 50202—2018《建筑地基基础工程施工质量验收标准》(第 4.3.1 条～第 4.3.3 条)：施工前应检查砂、石等原材料质量和配合比及砂、石拌和的均匀性。施工中应检查分层厚度、分段施工时搭接部分的压实情况、加水量、压实遍数、压实系数。施工结束后，应进行地基承载力检验。

检查方法：检查砂和砂石回填隐蔽工程验收记录、砂和砂石地基检验批质量验收记录。其中需要明确砂石材料配合比、压实系数、地基承载力、石料粒径、含水率、砂石料有机质含量、砂石料含泥量、分层厚度等内容是否满足 GB 51004—2015《建筑地基基础工程施工规范》规范要求，将检查结果反馈至《施工阶段回填土压实监督报告》中。

(2)监督项目二：是否进行了压实填土地基承载力特征值的确定

监督内容：对压实填土地基的试验报告中承载力特征值等内容进行核查。

监督标准及条文：JGJ 79—2012《建筑地基处理技术规范》(第 6.2.2 条～第 6.2.5 条)：压实填土地基承载力特征值，应根据现场静载荷试验确定，或通过动力触探、静力触探等试验，并结合静载荷试验结果确定。每完成一道工序，应按设计要求进行验收，未经验收或验收不合格时，不得进行下一道工序施工。

检查方法：检查压实地基承载力试验报告，核查报告结论中地基承载力是否进行了明确，核实是否满足设计要求，并将检查结果反馈至《施工阶段回填土压实监督报告》中。

(3)监督项目三：压实填土压实系数

监督内容：对压实填土的压实系数相关的试验报告和隐蔽工程资料内容等进行核查。

监督标准及条文：同施工图审核阶段监督项目一。

检查方法：

① 检查压实填土的土壤击实试验报告、土壤质量密度试验报告等资料，核实土壤质量密度试验报告中的填土地基压实系数是否满足设计要求。

② 检查填土地基分层压实施工记录、工程验收记录、施工过程照片、试验取样照片等资料。

③ 将检查结果反馈至《施工阶段回填土压实监督报告》中。

(4)监督项目四：压实填土地基承载力试验数量是否满足规范要求

监督内容：对压实填土的压实承载力相关的试验等内容进行核查。

监督标准及条文：JGJ 79—2012《建筑地基处理技术规范》(第 6.2.2 条和第 6.2.4 条)：在施工过程中，应分层取样检验土的干密度和含水量；每 50～100 m^2 面积内应设不少于 1 个检测点，每一个独立基础下，检测点不少于 1 个点，条形基础每 20 延米设检测点不少于 1 个点，压实系数不得低于规范中表 6.2.2.1 的规定；采用灌水法或灌砂法检测的碎石土干密度不得低于2.0 t/m^3。有地区经验时，可采用动力触探、静力触探、标准贯入等原位试验，并结合干密度试验的对比结果进行质量检验。冲击碾压法施工宜分层进行变形量、压实系数等土的物理力学指标监测和检测。地基承载力验收检验，可通过静载荷试验并结合动力触探、静力触探、标准贯入等试验结果综合判定。每个单体工程静载荷试验不应少于 3 点，大型工程可按单体工程的数量或面积确定检验点数。

检查方法：检查压实地基承载力试验报告，核查试验报告试验点数是否满足规范要求，并将检查结果反馈至《施工阶段回填土压实监督报告》中。

(5)监督项目五：基坑回填、场地平整压实系数取样试验是否满足设计要求

监督内容：对基坑回填、场地平整的压实系数取样相关试验等内容进行核查。

监督标准及条文：Q/GDW 1183—2012《变电(换流)站土建工程施工质量验收规范》(第 6.3.2.2 条)：土方回填应填筑压实，且压实系数必须满足设计要求。

检查方法：

① 检查基坑回填和场地平整压实填土的土壤击实试验报告、土壤质量密度试验报告等资料，核实土壤质量密度试验报告中的填土地基压实系数是否满足设计要求。

② 检查基坑回填记录、场地平整填土分层压实施工记录、工程验收记录、施工过程照片、试验取样照片等资料。

③ 将检查结果反馈至《施工阶段回填土压实监督报告》中。

(6)监督项目六:检查填方边坡、挡土墙墙背填料是否满足设计要求,查看压实系数试验报告;检查设计提出有监测要求的边坡是否制订了监测方案

监督内容:对有填方边坡、挡土墙的填料选择、试验报告和监测方案等内容进行核查。

监督标准及条文:

① GB 50007—2011《建筑地基基础设计规范》(第6.3.11条):位于斜坡上的填土,应验算其稳定性。对由填土而产生的新边坡,当填土边坡坡度符合表4-11要求时,可不设置支挡结构。当天然地面坡度大于20%时,应采取防止填土可能沿坡面滑动的措施,并应避免雨水沿斜坡排泄。压实填土的边坡坡度允许值见表4-11所列。

表4-11 压实填土的边坡坡度允许值

填土类型	边坡坡度允许值(高宽比)		压实系数(λ_c)
	坡高在8 m以内	坡高为8~15 m	
碎石、卵石	1∶1.50~1∶1.25	1∶1.75~1∶1.50	0.94~0.97
砂夹石 (碎石、卵石占全重30%~50%)	1∶1.50~1∶1.25	1∶1.75~1∶1.50	
土夹石 (碎石、卵石占全重30%~50%)	1∶1.50~1∶1.25	1∶2.00~1∶1.50	
粉质黏土、黏粒 含量ρ_c≥10%的粉土	1∶1.75~1∶1.50	1∶2.25~1∶1.75	

② 17J008《挡土墙(重力式　衡重式　悬臂式)》:填料应分层夯实;压实度与附近场地或路基的要求相同;填背填料根据附近土源、尽量选用抗剪强度高和渗透性强的砾石或砂土,当选用黏性土作填料时,宜掺入适量的沙砾或碎石,不得选用膨胀土、淤泥质土、耕种土作填料。挡土墙示意图如图4-28所示。

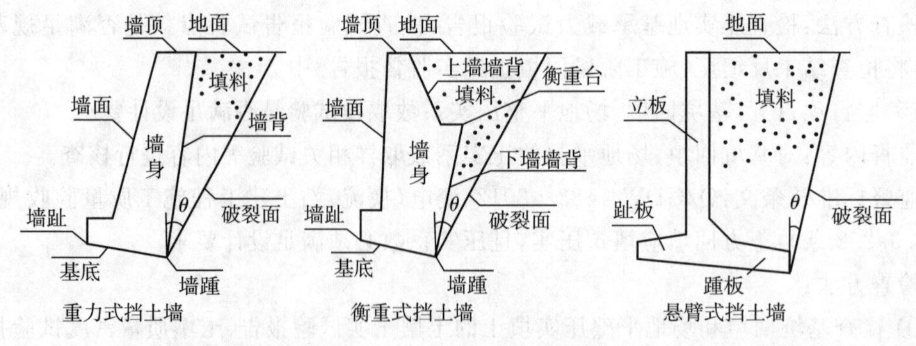

图4-28 挡土墙示意图

② GB/T 51351—2019《建筑边坡工程施工质量验收标准》(第4.3节):填方边坡坡率不大于设计值;填料应符合设计要求;压实系数应符合设计要求。

③ GB 50330—2013《建筑边坡工程技术规范》(第 19.1.1 条～第 19.1.3 条):边坡塌滑区有重要建(构)筑物的一级边坡工程施工时,必须对坡顶水平位移、垂直位移、地表裂缝和坡顶建(构)筑物变形进行监测。边坡工程应由设计提出监测项目和要求,由业主委托有资质的监测单位编制监测方案,监测方案应包括监测项目、监测目的、监测方法、测点布置、监测项目报警值和信息反馈制度等内容,经设计、监理和业主等共同认可后实施。边坡工程可根据安全等级、地质环境、边坡类型、支护结构类型和变形控制要求,按规范选择监测项目;当在边坡塌滑区内有重要建(构)筑物,破坏后果严重时,应加强对支护结构的应力监测。

检查方法:

① 检查填土边坡部位压实填土的土壤击实试验报告、土壤质量密度试验报告等资料,核实边坡填土压实系数是否满足规范和设计要求。

② 查看填方边坡回填土分层压实施工过程照片、施工记录、试验取样照片、质量验收检验报告,检查报告中边坡坡率、填料、压实系数、标高等参数是否满足规范和设计要求。

③ 检查边坡变形监测方案,核实监测方案内容和检测项目是否完整齐全并经设计、监理和业主等共同认可。

④ 将检查结果反馈至《施工阶段回填土压实监督报告》中。

4.5.6　整改要求

资料报告不齐全或不合格的以及现场检查不符合要求的,视为施工质量不合格,应协调建设部门返工整改或采用开挖性检测,复检合格后方可转序施工。

第5章　典型案例与分析

案例1　蓄电池性能一致性试验案例

1. 监督依据

单只蓄电池的重量应符合 GB/T 19638.1—2014《固定型阀控式铅酸蓄电池　第1部分:技术条件》中表 A.1 规定。蓄电池重量一致性应符合 DL/T 637—2019《电力用固定型阀控式铅酸蓄电池》规定,单只蓄电池的重量应不超过6只蓄电池重量平均值的±5%,否则判定为不合格。蓄电池开路端电压应符合 DL/T 724—2000《电力系统用蓄电池直流电源装置运行与维护技术规程》规定,开路端电压最高值与最低值的差值 ΔU 应不大于 0.03 V,否则判定为不合格。蓄电池容量一致性试验方法参照 GB/T 19638.1—2014《固定型阀控式铅酸蓄电池　第1部分:技术条件》第6.17条规定进行。单只蓄电池容量与串联后蓄电池组(6只)容量差值应不超过±5%。要求新建、改扩建变电工程,每个供应商、每个批次、每种型号蓄电池随机抽取6只(同组)。

2. 案例分析

某110 kV变电站基建工程,设备到货验收时经技术监督人员按要求开展电气性能专项监督抽检工作,通过对该批蓄电池性能一致性随机抽样,并按照标准开展蓄电池性能一致性试验后发现,随机抽取的蓄电池性能不满足一致性要求,该批设备不满足验收投运要求,如图5-1所示。

处理措施:抽检发现不合格,视为该供应商、同批次型号产品全部不合格,要求供应商全部进行整改,整改后复检合格方可使用。

3. 监督意见

加强蓄电池设备到货验收阶段电气性能专项监督的抽检力度,关注蓄电池重量一致性、开路端电压一致性和容量一致性,跟踪监管不合格批次设备,对于多次出现抽检不合格的供应商应进行约谈,并及时上报上级主管部门,严控设备质量关,确保到货验收设备抽检的随机性和及时性,避免设备带"病"入网。

试件名称	Unit Name	蓄电池		试验日期	Date		2020.10.23-2020.10.24	
试件编号	Unit Seria INO.	/		试件型号	Unit Model NO.		GFM-200	
仪器型号	Device Model	ZC-F48/100		仪器编号	Device NO.		17030401	
环境温度（℃）	Envir on ment Temperature	25		环境湿度（%）	Environmental Humidity		56	
检验依据	Standard	DL/T 724-2000《电力系统用蓄电池直流电源装置运行与维护技术规程》；GB/T 19638.1-2014《固定型阀控式铅酸蓄电池 第1部分技术条件》						
重量一致性	编号	NO.85	NO.86	NO.87	NO.88	NO.89	NO.90	平均值
	重量（g）	25200	25300	25200	25200	25300	25200	25233
重量一致性结论		单只蓄电池的重量与平均值偏差均不超5%						
开路端电压一致性	编号	NO.13	NO.14	NO.15	NO.16	NO.17	NO.18	最大差值
		2.216	2.228	2.215	2.212	2.225	2.221	0.002
开路端电压一致性结论		符合要求						
容量一致性	编号	NO.13	NO.14	NO.15	NO.16	NO.17	NO.18	串联容量
	容量（Ah）	188.8	191.6	191.8	187.2	190.2	169.8	186.508
容量一致性结论		188.8只蓄电池容量与串联值偏差最大偏差						

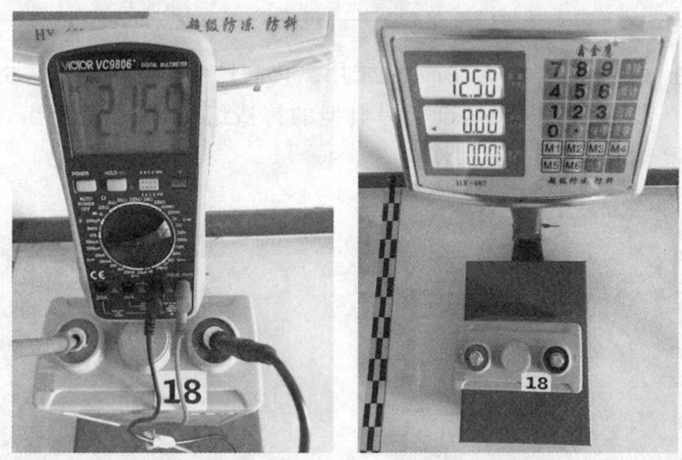

图 5-1　某 110 kV 变电站电气性能专项监督抽检工作

案例 2　220 kV 主变铜部件材质分析案例

1. 监督依据

检测依据 DL/T 991—2006《电力设备金属光谱分析技术导则》。变压器、电抗器抱箍质量判定依据 GB/T 2314—2008《电力金具通用技术条件》第 5.5 条规定，以铜合金制造的金具，其铜含量应不低于80%。

2. 案例简介

2018年12月22日，检修试验工区对某变电站110 kV＃2主变及另一变电站110 kV＃2主变巡视中发现，位于主变高压侧的抱箍线夹存在明显开裂现象，结合主变近几年运行情况以及相关图纸资料，初步判断该抱箍线夹为铸造部件，含铜量达不到标准要求，随着服役时间的增加而发生断裂，遂报告公司运检部并通知设备厂家。

3. 案例分析

(1)实验室试验

将失效的抱箍线夹进行化学成分分析，该抱箍线夹长度60 mm，宽60 mm，厚度为6～9 mm。为便于区分，将两只抱箍分别编号为“1”“2”，在SPECTRO TEST全定量光谱仪上对开裂抱箍进行光谱分析，结果见表5-1所列，为复杂黄铜材质。其中Al和Mn等Zn当量元素含量均超过1%，Cu含量仅为56%左右，远低于GB/T 1176中黄铜的含Cu量，相应含Zn量偏高，为非标黄铜。

表5-1　光谱分析结果(w_t%)

元素	Cu	Pb	Zn	P	Fe	Sn	Al	Mn
1号样	55.81	1.56	41.23	0.005	0.321	0.235	0.25	0.51
2号样	55.14	1.65	41.16	0.004	0.241	0.225	0.16	0.78

对该抱箍进行显微组织分析，腐蚀剂采用氯化高铁盐酸水溶液。1号和2号抱箍金相照片如图5-2和图5-3所示，试样为典型的铸造组织，为单相组织，未出现常见的α+β两相组织，晶粒度为3～5级别。

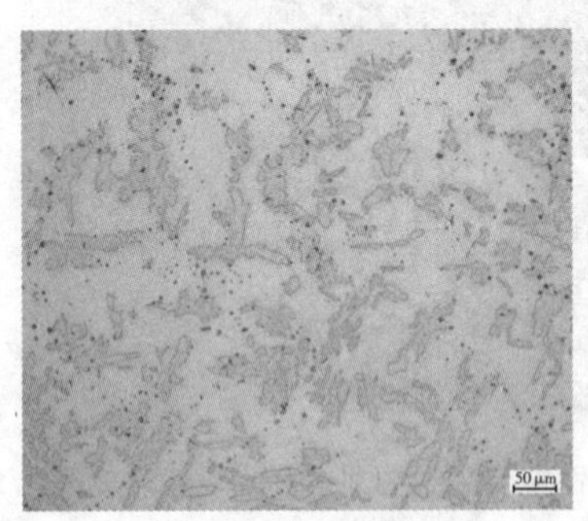

图5-2　1号试样

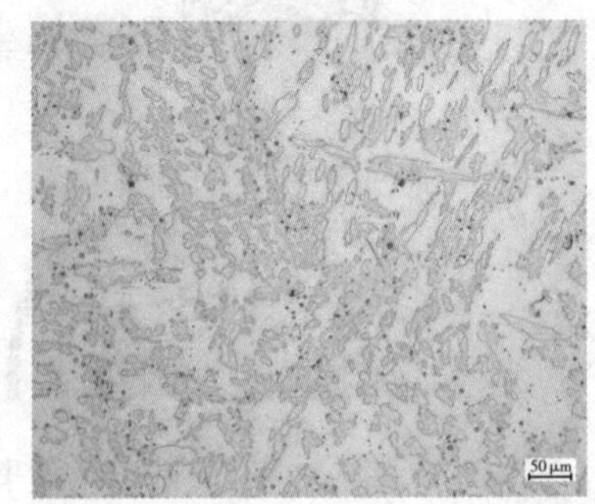

图5-3　2号试样

黄铜为铜锌二元合金，加入少量Pb形成铅黄铜，但Pb几乎不固溶于铜锌二元合金，以游离状态孤立地分布于固溶体中，以改善切屑性能为目的。铜中加入不同含量Zn后显微组织会发生改变，从而获得不同性能的合金。黄铜的室温组织有三种：Zn含量(Zn%)＜35%时，为单相α组织，随着Zn增加，强度和塑性同时得到改善。Zn含量(Zn%)为36%～45%时，为α+β两相组织，随着Zn%的增加，β相随之出现并增多，塑性急剧会下降，强度则一直增加，并当 Zn 含量（Zn%）≈45%时，强度达到顶峰。Zn 含量（Zn%）＞45%，α 相全部消失，组织为单相 β 组织，强度、塑性都会急剧下降，甚至可能会出现 γ 相，一种硬而脆的复杂立方晶格固溶体，性能极差，基本无法塑性变形。

本例中两只抱箍的 Zn 含量分别为 41.23%、41.16%，金相组织为单相组织，从铜锌合金二元相图分析可知，在该 Zn 含量附近的单相组织为 β 相。前文指出 Zn 含量（Zn%）＞45%，组织为单相 β 组织，正是由于该合金组织含有 Al、Sn、Pb 和 Fe 等 Zn 当量元素，使得该抱箍的 Zn 当量系数超过了 45%，因此组织呈单相 β 组织。开裂的抱箍显微组织为单相 β 相＋灰色游离的铁和铅，强度、塑性较差，工业上应该避免出现类似组织。

（2）原因分析

抱箍是用一种材料抱住另一种材料的构件，属于紧固件的一种。目前有载调压开关连杆上抱箍多用黄铜铸造，造价便宜，但容易存在以下问题：一是 Zn 当量系数超标，材料含有大量 Zn 当量元素，导致出现有害显微组织，本例的情况即是如此，单相 β 组织导致材料强度、塑性均下降，在禁锢螺栓的作用下发生开裂；二是 Pb 元素超标，多余 Pb 在晶界呈网状分布，致使合金力学性能下降；三是应力腐蚀敏感性增加。

目前已经有部分厂家开始采用紫铜板冲压成型的工艺，这种工艺可以避免上述铅黄铜不规范生产引入的各种缺陷，但对冲压质量要求较高，特别是在截面突变区域要注意圆滑过渡，避免留下冲压台阶，加剧应力集中，也曾发生过紫铜抱箍因成型质量差发生开裂的事件。

另外，抱箍一般用紧固螺栓紧固，安装时要按照抱箍的螺栓规格和预紧力要求使用力矩扳手进行紧固，避免不规范施工引起变形开裂。

4. 监督意见

（1）该对抱箍开裂的主要原因是材质不合格，黄铜内含有大量 Zn 当量元素，导致 Zn 含量过高，出现单相 β 组织，使得强度和塑性较差，应力腐蚀敏感性增加，在紧固螺栓的作用下出现开裂。

（2）对入网的抱箍开展质量检测，黄铜为重点检测材质，其铜含量应不低于 80%，紫铜抱箍重点检测其成型质量。

案例 3　GIS 设备沉降观测点、基准点设置案例

1. 监督依据

DL/T 5445—2010《电力工程施工测量技术规范》第 11.1.4 条规定，基准点应设置在变形影响区域之外稳定的原状土层内，易长期保存。每个工程至少应有 3 个基准点；大型电力工程（交流 1000 kV 及以上变电站、直流±800 kV 及以上换流站），其水平位移基准点应采用带有强制对中装置的观测墩；垂直位移基准点宜采用深埋桩，或将基准点设置在裸露基岩上。工作基点应选在比较稳定且方便使用的位置；设立在大型电力工程施

工区域内的水平位移监测工作基点宜采用带有强制对中装置的观测墩，垂直位移基准点宜采用深埋桩。

DL/T 5445—2010《电力工程施工测量技术规范》第 11.7 条规定，沉降观测点的布设应能够全面反映建(构)筑物及地基沉降特征，观测标志应稳固、明显、结构合理，点位应避开障碍物，便于观测和长期保存；数量满足 GIS 基础土建施工图的要求，并在 GIS 基础的四角、大转角及沿基础每 10～15 m 处、沉降缝和伸缩缝两侧、基础埋深相差悬殊处、人工地基和天然地基接壤处、变电容量 120 MVA 及以上变压器的基础四周等区域各设置 1 处观测点；沉降观测点的标志立尺部位应突出、光滑、唯一、耐腐蚀，标志应安装保护罩，埋设位置应避开障碍物。

《国家电网公司输变电工程标准工艺(六)标准工艺设计图集(变电工程部分)》规定，沉降观测点所有制品均采用不锈钢或铜；观测点应设置在视野开阔处，相邻点间要求通视，以便于观测。

2. 案例分析

某 110 kV 变电站于 2019 年 10 月投运，竣工验收时经技术监督人员发现，该工程场区未设置基准点，部分 GIS 设备基础未设置沉降观测点(如图 5－4 所示)，同时设置的沉降观测点部分松动变形、位置不合理(如图 5－5 所示)。不满足沉降观测要求，导致无法测量主变压器基础、GIS 设备基础等重要设备的测量沉降量值，无法判断是否发生沉降或沉降速率过大(如图 5－6 所示)。

图 5－4　GIS 设备基础未设置沉降观测点

施工单位未执行《国家电网公司输变电工程标准工艺(三)工艺标准库(2016 年版)》中标准施工工艺的规定，沉降观测点应事先在浇筑柱子混凝土时进行预埋，统一安装高度，而采用后锚固方式，且植筋施工工艺不到位，造成沉降观测点松动、变形，无法进行观测。设计单位设置沉降观测点的位置未满足沉降观测专用铟钢尺宽度要求及 JGJ 8—2016《建筑变形测量规范》第 7.1.3 条第 2 款规定：标志的埋设位置应避开有碍设标与观测的障碍物，并应视立尺需要离开墙面、柱面或地面一定距离。造成无法立尺，不能进行沉降观测施工单位对导致无法判断主变压器基础是否发生沉降及测量沉降量值测量规范中垂直位移观测相关内容不熟悉，未布设沉降观测基准点。

图 5-5　GIS 设备基础沉降观测点松动、保护罩脱落

图 5-6　GIS 设备基础沉降观测点设置不合理、不利于观测

处理措施：在设备基础变形影响区域外稳固可靠的位置，增设满足规范要求的三个基准点。将松动的沉降观测点拆除，重新植筋设置沉降观测点，植筋应与基础内主筋有效焊接，防止沉降观测点再次松动、变形；调整布置不合适的沉降观测点位置，满足沉降观测要求。

3. 监督意见

设计阶段合理设置沉降观测点位置，并要求沉降观测点必须事先在浇筑混凝土时进行预埋，在施工图审查阶段的监督过程中注意对观测点埋设位置的审核；施工阶段监理人员应履行职责义务，督促施工单位执行标准工艺及规范、行业标准要求，注重节点做法，确保沉降观测点满足使用功能及耐久性要求沉降观测基准点遗漏发生在土建施工阶段，施工单位应熟悉测量规程规范对垂直变形观测的具体要求，设置观测基准点；同时可委托有相应资质的第三方测量机构进行沉降观测作业。

附表1　金属技术监督项目表

序号	设备/部件	内容及要求	监督依据
1	变压器	① 主变接线端子的材质含铜量不应低于90%☆ ② 油箱、油枕、散热器等壳体的防腐涂层应满足腐蚀环境要求，其涂层厚度不应小于120 μm ③ 变压器套管、升高座、带阀门的油管等法兰连接面跨接软铜线及铁芯、夹件接地引下线、纸包铜扁线、换位导线及组合导线，铜含量不应低于99.9%	① Q/GDW 11717—2017《电网设备金属技术监督导则》条款7.2.1 ② DL/T 1424—2015《电网金属技术监督规程》条款6.1.1 ③ Q/GDW 11717—2017《电网设备金属技术监督导则》条款7.2.1
2	隔离开关	① 导电臂、接线板、静触头横担铝板不应采用2系和7系铝合金，应采用5系或6系铝合金☆ ② 隔离开关和接地开关动、静触头接触部位应整体镀银，镀银层厚度应不小于20 μm★ ③ 铜、铝接触部位的铜端应镀锡，镀锡层厚度不小于12 μm ④ 操作机构箱体厚度≥2 mm★ ⑤ 防雨罩、操动机构箱材质宜为锰(Mn)含量不大于2%的奥氏体型不锈钢或铝合金★	① Q/GDW 11717—2017《电网设备金属技术监督导则》条款9.2.5 ② Q/GDW 11717—2017《电网设备金属技术监督导则》条款9.2.3 ③ Q/GDW 11717—2017《电网设备金属技术监督导则》条款9.2.8 ④ DL/T 1424—2015《电网金属技术监督规程》条款6.1.7 ⑤ DL/T 1424—2015《电网金属技术监督规程》条款6.1.7、Q/GDW 11717—2017《电网设备金属技术监督导则》条款16.3.3
3	互感器	① 气体绝缘互感器充气接头不应采用2系和7系铝合金☆ ② 膨胀器防雨罩应选用耐蚀铝合金或06Cr19Ni10奥氏体不锈钢★	① Q/GDW 11717—2017《电网设备金属技术监督导则》条款10.2.4 ② Q/GDW 11717—2017《电网设备金属技术监督导则》条款10.2.2
4	开关柜	梅花触头、静触头镀银层厚度不应小于8 μm★	DL/T 1424—2015《电网金属技术监督规程》中6.1.5
5	避雷针	① 应采用法兰式、格构式或锥形外插式结构；法兰式结构针体应插入法兰内焊接，法兰焊接部位应有加强筋，针尖部分长度不应大于5 m ② 本体壁厚不应小于3 mm	Q/GDW 183—2008《110～1000 kV变电(换流)站土建工程施工质量验收及评定规程》条款6.5.6，国家电网运检〔2015〕63号国家运检关于防范变电站避雷针掉落风险的通知

（续表）

序号	设备/部件	内容及要求	监督依据
6	腐蚀防护	碳钢部件宜采用热浸镀锌，镀锌层厚度应符合 Q/GDW 11717 表 1 的规定，也可采用不低于热浸镀锌的可靠防腐工艺；不能满足防腐要求的，应更换为不锈钢、铝合金等耐蚀材料，或采用锌铝合金镀层、铝锌合金镀层等耐蚀性更好的镀层★	Q/GDW 11717—2017《电网设备金属技术监督导则》条款 4.3.2
7	GIS 设备	GIS 设备伸缩节的设计应充分考虑母线长度及热胀冷缩的影响，确定补偿的方式及方法；制造商应向业主单位和监造单位提供计算书，并明确伸缩节的允许变化量和调节方法	Q/GDW 11717—2017《电网设备金属技术监督导则》条款 11.2.3

附表 2　金属专项技术监督质量判定依据

序号	设备	监督项目	抽检比例	检测时机及方式	检测标准和质量判定依据	整改要求
1	隔离开关	隔离开关触头镀银层厚度检测	新建变电工程每个厂家、每种型号的隔离开关(主要指敞开式隔离开关)及接地开关触头、触指抽取一相进行检测,接触面为必检部位	在到货验收阶段或安装调试阶段取样,并开展现场或实验室检测。建议采用 X 射线荧光镀层检测仪(固定式或便携式)或其他能保证精度的检测设备进行隔离开关触头厚度检测。该检测为无损检测,检测合格试件仍可用于工程使用	检测依据 GB/T 16921—2005《金属覆盖层　覆盖层厚度测量 X 射线光谱方法》。质量判定依据 Q/GDW 13075.1—2018《72.5 kV 交流三相隔离开关采购标准　第 1 部分:通用技术规范》,Q/GDW 13076.1—2018《126～550 kV 交流三相隔离开关接地开关采购标准　第 1 部分:通用技术规范》,Q/GDW 13077.1—2018《800 kV 交流三相隔离开关采购标准　第 1 部分:通用技术规范》,Q/GDW 13078.1—2018《72.5 kV 及以下交流单相隔离开关采购标准　第 1 部分:通用技术规范》规定,触头的镀银层厚度应大于或等于 20 μm;Q/GDW 11717—2017《电网设备金属技术监督导则》第 9.2.3 条规定,隔离开关和接地开关动、静触头接触部位应整体镀银,镀银层厚度应不小于 20 μm	抽检不合格的隔离开关/接地开关应视为该厂家该型号的隔离开关/接地开关触头全部不合格,予以更换并复测,合格后方可使用

（续表）

序号	设备	监督项目	抽检比例	检测时机及方式	检测标准和质量判定依据	整改要求
2	开关柜	开关柜触头镀银层厚度检测	新建变电工程每个厂家开关柜内每种型号的小车开关（主要指手车式开关柜）梅花触头抽取一相的梅花触头进行检测，接触面为必检部位	在到货验收阶段或安装调试阶段取样，并开展现场或实验室检测。建议采用X射线荧光镀层测厚仪或便携式光谱仪等能保证精度的设备进行开关柜触头镀银层厚度测量。该检测为无损检测，检测合格试件仍可用于工程使用	检测依据GB/T 16921—2005《金属覆盖层　覆盖层厚度测量X射线光谱方法》。质量判定依据Q/GDW 13088.1—2018《12～40.5 kV高压开关柜采购标准　第1部分：通用技术规范》第5.2.7条规定，隔离开关触头、手车触头表面应镀银，镀银层厚度不小于8 μm；Q/GDW 11717—2017《电网设备金属技术监督导则》第12.2.2条规定，梅花触头材质应为不低于T2的纯铜，且接触部位应镀银，镀银层厚度不应小于8 μm	抽检不合格的开关柜触头应视为该厂家、该型号的开关柜触头全部不合格，予以更换并复测，合格后方可使用
3	户外密闭箱体	户外密闭箱体厚度检测	新建变电工程主要设备的户外密闭箱体（隔离开关、接地开关操作机构及二次设备的箱体、其他设备的控制、操作及检修电源箱、CT二次盒、PT二次盒、端子箱等），每个厂家、每种型号抽取1台进行检测。每个箱体正面、反面、侧面各选择不少于3个点检测	在到货验收阶段或安装调试阶段开展检测。建议采用超声波测厚仪进行箱体厚度测量。该检测为无损检测，检测合格试件仍可用于工程使用	检测依据GB/T 11344—2021《无损检测　超声测厚》。质量判定依据Q/GDW 11717—2017《电网设备金属技术监督导则》，户外密闭箱体（控制、操作及检修电源箱等）应具有良好的密封性能，其公称厚度不应小于2 mm，如采用双层设计，其单层厚度不得小于1 mm	对不合格的箱体进行整批更换，对更换后的设备进行复测，合格后方可使用

（续表）

序号	设备	监督项目	抽检比例	检测时机及方式	检测标准和质量判定依据	整改要求
4	变电站不锈钢部件	变电站不锈钢部件材质分析	新建变电工程的户外 GIS、敞开式隔离开关的传动轴销，每个厂家、每种型号抽取不少于 5 个（少于 5 个则全检）；主要设备的户外密闭箱体（隔离开关、接地开关操作机构及二次设备的箱体、其他设备的控制、操作及检修电源箱、CT 二次盒、PT 二次盒、端子箱等），每个厂家、每种型号抽取 1 台进行检测；主变（气体继电器、油流速动继电器、温度计、油位表），GIS 设备，断路器，SF6 气体密度继电器等设备的防雨罩，每个厂家、每种型号抽取 1 台设备的全部防雨罩进行检测	在到货验收阶段或安装调试阶段现场检测。建议采用 X 射线荧光光谱分析仪进行不锈钢材质检测。该测量为无损检测，检测合格试件仍可用于工程使用	检测依据 DL/T 991—2006《电力设备金属光谱分析技术导则》。轴销质量判定依据 Q/GDW 11717—2017《电网设备金属技术监督导则》第 9.2.7 条规定，轴销及开口销的材质应为 06Cr19Ni10 的奥氏体不锈钢；户外密闭箱体质量判定依据 Q/GDW 11717—2017《电网设备金属技术监督导则》第 16.3.1 条规定，户外密闭箱体的材质应为 06Cr19Ni10 的奥氏体不锈钢或耐蚀铝合金，不能使用 2 系或 7 系铝合金。防雨罩质量判定依据 Q/GDW 11717—2017《电网设备金属技术监督导则》第 16.3.3 条要求，防雨罩材质应为 06Cr19Ni10 的奥氏体不锈钢或耐蚀铝合金	对不合格的箱体、轴销及防雨罩进行整批更换，对更换后的设备进行复测，合格后方可使用

（续表）

序号	设备	监督项目	抽检比例	检测时机及方式	检测标准和质量判定依据	整改要求
5	GIS和罐式断路器壳体对接焊缝超声波检测	GIS和罐式断路器壳体对接焊缝超声波检测	新建变电工程每个厂家、每种型号的GIS、罐式断路器壳体按照纵缝10%（长度）、环缝5%（长度）抽检	在到货验收阶段或安装调试阶段进行现场检测，对工期确有特殊要求的，可在设备出厂前进行检测。建议采用A型脉冲反射超声波检测仪进行GIS、罐式断路器设备对接焊缝内部缺陷检测。该检测为无损检测，检测合格试件仍可用于工程使用	检验标准依据NB/T 47013.3—2015《承压设备无损检测　第3部分：超声检测》中相关要求。当焊接部位壁厚小于8 mm时，参照NB/T 47013.3—2015《承压设备无损检测　第3部分：超声检测》附录H中壁厚为8 mm时的相关规定。焊接接头分类标准执行JB/T 4734—2002《铝制焊接容器》第10.1.6条要求，GIS、罐式断路器壳体圆筒部分的纵向焊接接头属A类焊接接头，环向焊接接头属B类焊接接头，超声检测不低于Ⅱ级合格	对不合格壳体的焊缝扩大2倍抽检比例检测，仍不合格的应100%全检。不合格壳体应返厂消缺或更换，复测合格后方可进入安装
6	变电站开关柜铜排	变电站开关柜铜排电导率检测	新建变电工程每个厂家、每种型号的开关柜抽取1台进行检测	在到货验收阶段或安装调试阶段进行现场检测。建议采用导电率测试仪对铜排导电率进行检测。该检测为无损检测，检测合格设备仍可用于工程使用	检测依据GB/T 32791—2016《铜及铜合金导电率涡流测试方法》。质量判定依据Q/GDW 13088.1—2018《12～40.5 kV高压开关柜采购标准　第1部分：通用技术规范》第5.10.2条规定，母线材质为T2铜，电导率≥56 S/m	对不合格的铜排进行整批更换，对更换后的设备进行复测，合格后方可使用

（续表）

序号	设备	监督项目	抽检比例	检测时机及方式	检测标准和质量判定依据	整改要求
6	变电站开关柜铜排	变电站开关柜铜排连接导电接触部位镀银层厚度检测	新建变电工程每个厂家、每种型号的开关柜抽取 1 台进行检测。对开关柜所有现场安装的铜排连接的导电接触部位进行镀银层检测，接触面为必检部位	在到货验收阶段进行现场检测。建议采用便携式 X 射线荧光镀层测厚仪进行开关柜铜排连接的导电接触部位镀银层厚度测量。该测量为无损检测，检测合格试件仍可用于工程使用	检测依据 GB/T 16921—2005《金属覆盖层　覆盖层厚度测量 X 射线光谱方法》。质量判定依据 Q/GDW 13088.1—2018《12～40.5 kV 高压开关柜采购标准　第 1 部分：通用技术规范》第 5.2.7 条规定，开关柜内母线搭接面应镀银，镀银层厚度不小于 8 μm；Q/GDW 11717—2017《电网设备金属技术监督导则》第 12.2.3 条规定，开关柜里所有铜排连接的导电接触部位应采用镀银处理，且镀银层厚度不应小于 8 μm	对不合格的开关柜铜排进行整批更换，对更换后的设备进行复测，合格后方可使用
7	变电站接地体	变电站接地体涂覆层厚度检测	新建变电工程每种规格接地体抽取 5 件进行检测	在到货验收阶段或安装调试阶段进行现场检测，建议采用磁性镀层测厚仪进行铜覆层或镀锌层厚度测量。该检测为无损检测，检测合格试件仍可用于工程	检测依据 GB/T 4956—2003《磁性基体上非磁性覆盖层　覆盖层厚度测量磁性法》；质量判定依据 DL/T 1342—2014《电气接地工程用材料及连接件》第 6.1.2.2 条规定，热浸镀层厚度最小值 70 μm，最小平均值 85 μm；根据 DL/T 1342—2014《电气接地工程用材料及连接件》第 6.3.2.2 条规定，单根或绞线单股铜覆钢铜层厚度，最小值不得小于 0.25 mm。如工程有特殊要求时，按招标技术规范执行	抽检不合格的接地体应视为该厂家、该规格的接地体全部不合格，予以更换并复测，合格后方可使用

（续表）

序号	设备	监督项目	抽检比例	检测时机及方式	检测标准和质量判定依据	整改要求
8	变电站铜部件	变电站铜部件材质分析	新建变电工程的变压器、电抗器抱箍，每个厂家、每种型号、每个供应商抽取1个进行材质检测	在到货验收阶段或安装调试阶段现场检测。建议采用X射线荧光光谱分析仪进行材质检测。该测量为无损检测，检测合格试件仍可用于工程使用	检测依据DL/T 991—2006《电力设备金属光谱分析技术导则》。变压器、电抗器抱箍质量判定依据GB/T 2314—2008《电力金具通用技术条件》第5.5条规定，以铜合金制造的金具，其铜含量应不低于80%	对不合格的抱箍进行整批更换，对更换后的抱箍进行复测，合格后方可使用
9	互感器及组合电器充气阀门	互感器及组合电器充气阀门材质分析	新建变电工程的充气式互感器、组合电器SF_6充气阀门（包括保护封盖、充气口和阀体），每个厂家、每种型号抽取1台进行检测	在到货验收阶段或安装调试阶段现场检测。建议采用X射线荧光光谱分析仪进行金属材质检测。该测量为无损检测，检测合格试件仍可用于工程使用	检测依据DL/T 991—2006《电力设备金属光谱分析技术导则》。质量判定依据Q/GDW 11717—2017《电网设备金属技术监督导则》第10.2.4条规定，气体绝缘互感器充气接头不应采用2系和7系铝合金（保护封盖、充气口和阀体均按此执行）；《国家电网有限公司十八项电网重大反事故措施（修订版）》第12.2.1.17条规定，GIS充气口保护封盖的材质应与充气口材质相同，防止电化学腐蚀	对不合格的充气阀门进行整批更换，对更换后的设备进行复测，合格后方可使用

（续表）

序号	设备	监督项目	抽检比例	检测时机及方式	检测标准和质量判定依据	整改要求
10	隔离开关外露传动机构件	隔离开关外露传动机构件镀锌层厚度检测	新建变电工程每个厂家、每种型号的户外隔离开关（包括敞开式隔离开关和GIS隔离开关）抽取1台进行检测，检测对象为直接暴露于大气中的传动机构镀锌部件，敞开式隔离开关水平连杆、拐臂和地刀连杆、拐臂以及GIS隔离开关的外露连杆、拐臂为必检部位	在出厂验收、到货验收或安装调试阶段开展现场检测。建议采用磁性镀层测厚仪对外露传动机构件进行镀锌层厚度检测。该检测方法为无损检测，检测合格设备仍可用于工程使用	检测依据GB/T 4956—2003《磁性基体上非磁性覆盖层　覆盖层厚度测量　磁性法》。质量判定依据DL/T 1425—2015《变电站金属材料腐蚀防护技术导则》中表1规定，传动件镀锌层平均厚度不低于65 μm	抽检不合格的隔离开关视为该厂家、该型号的隔离开关传动件全部不合格，由厂家全检并予以更换或处理不合格部件，原监督单位扩大比例复测，合格后方可使用
11	变电导流部件紧固件	变电导流部件紧固件镀锌层厚度检测	对新建变电工程户外隔离开关压接线夹引流板、户外GIS套管引线线夹和电抗器接线端子等导流部件用紧固热镀锌螺栓、热镀锌螺母及热镀锌垫片开展抽检，每个厂家、每种规格的螺栓、螺母及垫片随机抽取3件进行检测	在到货验收阶段或安装调试阶段进行现场抽检，建议采用磁性镀层测厚仪进行测量，检测项目为无损试验。检测合格试件仍可用于工程使用	检测依据GB/T 4956—2003《磁性基体上非磁性覆盖层　覆盖层厚度测量　磁性法》。质量判定依据DL/T 768.7—2012《电力金具制造质量　钢铁件热镀锌层》中表2：紧固件（含垫圈、销子等）的总体锌厚（同一批次所有抽样试品锌厚的算术平均值）不低于50 μm；Q/GDW 11717—2017《电网设备金属技术监督导则》第4.5.2条规定，热浸镀锌螺栓、螺母及垫片镀锌层平均厚度不应小于50 μm，局部最低厚度不应小于40 μm	检测的3个样本中任何1个样本不满足标准要求，则认为该批次不合格。对不合格的螺栓/螺母/垫片进行整批更换，更换后的螺栓/螺母/垫片复测合格后方可使用

（续表）

序号	设备	监督项目	抽检比例	检测时机及方式	检测标准和质量判定依据	整改要求
12	开关柜柜体	开关柜柜体覆铝锌板厚度检测	新建变电工程，每个厂家、每种型号的开关柜抽取1台进行检测	在到货验收阶段或安装调试阶段开展检测。建议采用超声波测厚仪进行箱体厚度测量。该测量为无损检测，检测合格试件仍可用于工程使用	检测依据GB/T 11344—2021《无损检测　超声测厚》规定，每个面不少于3点。质量判定依据Q/GDW 13088.1—2018《12～40.5 kV高压开关柜采购标准　第1部分：通用技术规范》5.2.8规定，柜体应采用敷铝锌钢板弯折后拴接而成或采用优质防锈处理的冷轧钢板制成，板厚不应小于2 mm；DL/T 1424—2015《电网金属技术监督规程》第6.1.5条规定，开关柜外壳厚度不应小于2 mm	对不合格的柜体进行整批更换，对更换后的设备进行复测，合格后方可使用
13	变压器橡胶密封制品	变压器橡胶密封制品尺寸及外观检查	220 kV及以上新（扩、改）建变电工程每个厂家抽1台变压器，抽取油箱、联管、有载分接开关各1只密封制品进行检查	在设备制造或到货验收阶段，变压器生产厂家单独提供橡胶密封制品。该检测为破坏性检测，检测试件不可用于工程使用	橡胶密封制品尺寸规格检查依据标准HG/T 2887—2018《变压器类产品用橡胶密封制品》执行，建议使用游标卡尺、厚度计或影像测量仪、π尺、检验工装进行测量。质量判断依据GB/T 3452.1—2005《液压气动用O形橡胶密封圈　第1部分：尺寸系列及公差》以及GB/T 3672.1—2002《橡胶制品的公差　第1部分：尺寸公差》。O形圈尺寸和公差应符合GB/T 3452.1—2005《液压气动用O形橡胶密封圈　第1部分：尺寸系列及公差》中G系列的要求。除O形圈以外的其他模压制品、压出制品、压延胶板的尺寸公差应分别符合GB/T 3672.1—2002《橡胶制品的公差　第1部分：尺寸公差》中M3级、E2级、ST3级的要求	对不合格的橡胶密封制品进行整批更换，对更换后的密封圈进行复测，合格后方可使用

（续表）

序号	设备	监督项目	抽检比例	检测时机及方式	检测标准和质量判定依据	整改要求
13	变压器橡胶密封制品	变压器橡胶密封制品尺寸及外观检查	220 kV及以上新（扩、改）建变电工程每个厂家抽1台变压器，抽取油箱、联管、有载分接开关各1只密封制品进行检查	在设备制造或到货验收阶段，变压器生产厂家单独提供橡胶密封制品。该检测为破坏性检测，检测试件不可用于工程使用	橡胶密封制品外观质量采用目视检测，依据标准HG/T 2887—2018《变压器类产品用橡胶密封制品》执行。质量判断依据GB/T 3452.2—2007《液压气动用O形橡胶密封圈　第2部分：外观质量检验规范》以及HG/T 3090—1997《模压和压出橡胶制品外观质量的一般规定》。O形圈应符合GB/T 3452.2—2007《液压气动用O形橡胶密封圈　第2部分：外观质量检验规范》中S级的要求，非O形圈模压制品、压出制品、压延胶板质量应符合HG/T 3090—1997《模压和压出橡胶制品外观质量的一般规定》的规定	对不合格的橡胶密封制品进行整批更换，对更换后的密封圈进行复测，合格后方可使用
		变压器箱沿橡胶密封制品物理性能试验	220 kV及以上新（扩、改）建变电工程每个厂家抽1台变压器，抽检箱沿橡胶密封制品进行检验。宽度不小于25 mm的密封制品，变压器厂家单独提供2 m同批次橡胶密封制品用于检测。宽度小于25 mm的密封制品，由变压器厂家提供同成分同工艺生产的橡胶标准试块进行检测	在设备制造或到货验收阶段开展检测。建议采用A型邵氏硬度计、拉力试验机等进行试验，宽度不小于25 mm，且厚度不小于6 mm的橡胶密封制品，从成品取样进行硬度试验、拉伸试验、耐油试验和热空气老化试验；宽度不小于25 mm，厚度小于2 mm的，从成品取样进行拉伸、耐油和热空气老化试验，对标准试块进行硬度试验。宽度小于25 mm的密封制品，对标准试块进行检测	橡胶硬度试验参照GB/T 531.1—2008《硫化橡胶或热塑性橡胶压入硬度试验方法　第1部分：邵氏硬度计法（邵尔硬度）》进行。拉伸试验参照GB/T 528—2009《硫化橡胶或热塑性橡胶拉伸应力应变性能的测定》进行。热空气老化试验参照GB/T 3512—2014《硫化橡胶或热塑性橡胶　热空气加速老化和耐热试验》进行。耐25＃变压器油性能试验按照标准GB/T 1690—2010《硫化橡胶或热塑性橡胶　耐液体试验方法》进行。质量判断依据以上试验结果应满足标准HG/T 2887—2018《变压器类产品用橡胶密封制品》第3.1条规定	若抽检发现不合格，应视为该供应商、同批次型号产品全部不合格，要求供应商全部进行更换，更换后复检合格方可使用

（续表）

序号	设备	监督项目	抽检比例	检测时机及方式	检测标准和质量判定依据	整改要求
14	调相机润滑油系统和冷却系统管道	调相机润滑油系统和冷却系统管道焊缝射线检测	新建调相机组顶轴油管道环缝（包括管道制造焊缝和现场安装焊缝）按照100%比例进行检测；除顶轴油外的润滑油管道环缝（包括管道制造焊缝和现场安装焊缝）按照20%比例进行抽样检测；冷却系统内冷、外冷管道环缝（包括管道制造焊缝和现场安装焊缝）分别按照20%比例进行抽样检测，其中外冷管道焊缝抽样检测应尽量包括全部埋地部分焊缝，如外冷管道存在纵环焊缝相交时检测范围应包括不小于38 mm的相邻纵缝	在到货验收阶段或安装调试阶段进行现场检测，对工期确有特殊要求的，可在管道管段出厂前对其制造焊缝进行检测。建议采用便携式X射线检测。该检测为无损检测，检测合格焊缝仍可用于工程使用。无检测能力的单位可采取外委方式。 调相机组基建安装阶段未进行上述检测的在检修期间可参考进行	检测实施标准依据NB/T 47013.2—2015《承压设备无损检测　第2部分：射线检测》中相关要求。管道分类标准执行GB/T 20801.1—2020《压力管道规范　工业管道　第1部分：总则》。管道检验标准执行GB/T 20801.5—2020《压力管道规范　工业管道　第5部分：检验与试验》，顶轴油管道对接环缝按照检查等级Ⅰ级的要求进行射线检测，检测结果不低于Ⅱ级合格；除顶轴油外的润滑油管道和冷却系统管道对接环缝按照检查等级Ⅱ级的要求进行射线检测，检测结果不低于Ⅲ级合格	对顶轴油管道不合格焊缝进行返修消缺，复测合格后方可投入使用。对除顶轴油外的润滑油管道和冷却系统管道焊缝抽检发现存在不合格时，扩大1倍抽检比例检测，仍存在不合格焊缝时应对该管道焊缝进行100%全检，对发现的不合格焊缝进行返修消缺，复测合格后方可投入使用
15	换流站消防水管	换流站消防水管安装焊缝检测	对新建及改造的换流站消防水管安装焊缝质量进行无损检测抽检。根据管道规格，按照不低于对接焊缝总数量5%进行抽检（包括埋地焊缝）	在安装阶段进行现场检测。建议采用便携式X射线检测。该检测为无损检测，检测合格焊缝仍可用于工程使用。无检测能力的单位可采取外委方式	检测实施标准依据NB/T 47013.2—2015《承压设备无损检测　第2部分：射线检测》中相关要求，管道焊缝的检查等级按照GB 50184—2011《工业金属管道工程施工质量验收规范》Ⅳ级执行。管道对接环焊缝按AB级要求进行射线检测，检测结果不低于Ⅲ级合格	发现不合格焊缝时，按GB 50184—2011《工业金属管道工程施工质量验收规范》第8.2.2条要求进行扩大检查。对不合格焊缝进行返修消缺，复测合格后方可投入使用

（续表）

序号	设备	监督项目	抽检比例	检测时机及方式	检测标准和质量判定依据	整改要求
16	输电线路紧固件	螺母保证载荷试验	新建输电线路工程按批次分别取样抽检。具体要求为每批次各强度等级，抽取4套完整的样品，选取其中优质的3套样本进行检测。其中，同一性能等级、材料、材料炉号、螺纹规格、长度（长度≤100 mm时，长度相差≤15 mm；长度>100 mm时，长度相差≤20 mm，可作为同一长度）、机械加工、热处理工艺、热浸镀锌工艺的螺栓为同批；同一性能等级、材料、材料炉号、螺纹规格、机械加工、热处理工艺、热浸镀锌工艺的螺母为同批	在到货验收阶段或安装调试阶段现场取样，采用拉力试验机进行实验室检测。螺栓楔负载、螺母保证载荷试验为破坏性试验，抽检试件不可再用于工程	紧固件的检测及质量判定依据DL/T 284—2012《输电线路杆塔及电力金具用热浸镀锌螺栓与螺母》、《国家电网公司物资采购标准杆塔卷、铁附件卷》、GB/T 3098.1—2010《紧固件机械性能　螺栓、螺钉和螺柱》、GB/T 3098.2—2015《紧固件机械性能　螺母》等标准的要求。检测的3个样本中任何一个样本不满足标准要求，则认为该批次不合格	对不合格的螺栓、螺母进行整批更换，对更换后的螺栓、螺母进行复测，合格后方可使用
		螺栓楔负载				
17	输电线路电力金具闭口销	输电线路电力金具闭口销材质分析	新建输电线路工程每个厂家、每种型号的各抽取5个闭口销进行检测	在到货验收阶段或安装调试阶段开展检测。建议采用X射线合金分析仪进行电力金具闭口销材质检测。以上测量方法为无损检测，检测合格试件仍可用于工程使用	检测依据DL/T 991—2006《电力设备金属光谱分析技术导则》。质量判定依据DL/T 1343—2014《电力金具用闭口销》第4.1条规定，闭口销材料应采用GB/T 1220—2007《不锈钢棒》规定的奥氏体不锈钢	抽检不合格的闭口销应视为该批次闭口销不合格，予以更换并复测，合格后方可使用

（续表）

序号	设备	监督项目	抽检比例	检测时机及方式	检测标准和质量判定依据	整改要求
18	“三跨”线路耐张线夹	“三跨”线路耐张线夹压接质量X射线检测	“三跨”线路耐张线夹压接质量X射线检测以“三跨”线路区段为单位，每个区段抽检总数量比例为10%	在安装调试阶段，“三跨”线路耐张线夹压接后现场开展X射线检测。建议采用便携式X射线数字成像检测。该检测为无损检测，检测合格试件仍可用于工程使用。无检测能力的单位可采取外委方式	检测及质量判定依据Q/GDW 11793—2017《输电线路金具压接质量X射线检测技术导则》	对压接质量不符合要求的耐张线夹，进行更换处理，并予以复测，合格后方可使用
19	输电线路地脚螺栓、螺母	螺栓规格尺寸及标识检测 螺母规格尺寸及标识检测	新建输电线路工程、每个厂家、每种规格的地脚螺栓、螺母随机抽样20件进行检测（如抽样批量小于20件时，应100%全检）	在到货验收阶段现场取样。采用游标卡尺、螺距尺等测量工具进行现场检测。地脚螺栓、螺母规格尺寸检测为无损检测，检测合格的试件仍可在工程中使用	地脚螺栓型式与尺寸检测及质量判定依据DL/T 1236—2013《输电杆塔用地脚螺栓与螺母》中第3条规定；螺母型式与尺寸检测及质量判定依据第4条规定；地脚螺栓、螺母的性能等级和制造者识别标识检测及质量判定依据5.1条规定。检测的同一批次样本中，至多允许1个样本不满足标准要求，超过1件时判定该批次不合格	对不合格的地脚螺栓、螺母进行整批更换，更换后的地脚螺栓、螺母复测合格后方可使用

（续表）

<table>
<tr><th>序号</th><th>设备</th><th>监督项目</th><th>抽检比例</th><th>检测时机及方式</th><th>检测标准和质量判定依据</th><th>整改要求</th></tr>
<tr><td rowspan="2">19</td><td rowspan="2">输电线路地脚螺栓、螺母</td><td>螺栓机械性能试验</td><td rowspan="2">新建输电线路的每个厂家、每种规格的地脚螺栓、螺母随机抽样3件进行检测</td><td rowspan="2">在到货验收阶段现场取样，采用万能试验机、硬度计等进行实验室检测，检测项目为破坏性试验，抽检试件不可再用于工程。无检测能力的单位可采取外委方式</td><td rowspan="2">检测依据DL/T 1236—2021《输电杆塔用地脚螺栓与螺母》第5.4条规定。地脚螺栓拉力试验、硬度质量判定依据DL/T 1236—2021《输电杆塔用地脚螺栓与螺母》第5.4.1条表10-11的规定；螺母保证载荷、硬度质量判定依据DL/T 1236—2021《输电杆塔用地脚螺栓与螺母》第5.4.2条表12-14的规定。检测的3个样本中任何1个样本不满足标准要求，则认为该批次不合格</td><td rowspan="2">对不合格的地脚螺栓、螺母进行整批更换，更换后的地脚螺栓、螺母复测合格后方可使用</td></tr>
<tr><td>螺母机械性能试验</td></tr>
<tr><td>20</td><td>输电线路铁塔镀锌层</td><td>镀层外观检测</td><td>新建（改造、扩建）输电线路工程每个厂家抽取5基铁塔塔材</td><td>在到货验收阶段或安装调试阶段开展检测。建议采用目视检查</td><td>检测依据GB/T 20967—2007《无损检测　目视检测　总则》。角钢塔质量判定依据GB/T2694—2018《输电线路铁塔制造技术条件》第6.9.2条中“镀锌层表面连续完整，并具有实用性光滑，不应有过酸洗、起皮、漏镀、结瘤、积锌和锐点等使用上有害的缺陷。镀锌颜色一般呈灰色或暗灰色”，钢管结构铁塔质量判定依据DL/T 646—2012《输变电钢管结构制造技术条件》第12.2条中“镀锌层表面应连续、完整，并且具有实用性光滑，不得有过酸洗、漏镀、结瘤、积锌和毛刺等缺陷，镀锌颜色一般呈灰色或暗灰色”</td><td>抽检不合格的构件应按标准要求现场修复或返厂重镀处理，并予以复测，合格后方可使用。同时对同批次产品扩大比例抽检</td></tr>
</table>

（续表）

序号	设备	监督项目	抽检比例	检测时机及方式	检测标准和质量判定依据	整改要求
20	输电线路铁塔镀锌层	镀层厚度检测	新建(改造、扩建)输电线路工程每个厂家抽取5基铁塔，每基铁塔不少于抽样数量10件；每个厂家、每种规格、每种性能等级紧固件抽取3件。塔材抽样应包括主材(主管)和辅材(辅管)，每根塔材测点不得少于12处，应选取上、中、下部位有代表性的测点，对有怀疑的部位应根据实际情况增加测点。螺栓应选取螺栓头部端面、六棱面、螺杆端部，螺母应选取六棱面和端面，至少取5个测量点测厚，计算平均值即为镀层局部厚度；因几何形状的限制不允许测5个点的情况下，可以用5个试件的测厚平均值	在到货验收阶段或安装调试阶段开展检测。建议采用磁性镀层测厚仪进行镀锌层厚度测量。该检测方法为无损检测，检测合格试件仍可用于工程使用	检测依据 GB/T 4956—2003《磁性基体上非磁性覆盖层　覆盖层厚度测量　磁性法》。角钢塔锌层厚度质量判定依据 GB/T 2694—2018《输电线路铁塔制造技术条件》第6.9.4条中表14，钢管结构铁塔锌层厚度质量判定依据 DL/T 646—2012《输变电钢管结构制造技术条件》第12.3条中表18；紧固件锌层厚度质量判定依据 DL/T 284—2012《输电线路杆塔及电力金具用热浸镀锌螺栓与螺母》第5.5.1条中“热浸镀锌层的局部厚度应不小于40 μm，平均厚度不小于50 μm”	抽检不合格的应视为该厂家、该批次、该规格的塔材或紧固件全部不合格，予以更换并复测，合格后方可使用
		镀层附着性检测	新建(改造、扩建)输电线路工程角钢塔每个厂家抽取1基铁塔主材和辅材各3根	在到货验收阶段或安装调试阶段开展现场检测。采用落锤试验法进行锌层附着性试验。检测项目为锌层破坏性试验，抽检合格的试件，现场经环氧富锌涂料修复检测部位后可再用于工程	检测依据 GB/T 2694—2018《输电线路铁塔制造技术条件》附录B(规范性附录)。质量判定依据 GB/T 2694—2018《输电线路铁塔制造技术条件》第6.9.4条中“镀锌层附着性：镀锌层应与金属基体结合牢固，应保证在无外力作用下没有剥落或起皮现象。按附录B方法进行落锤试验，镀锌层不凸起、不剥离”	抽检不合格应视为该批次铁塔全部不合格，予以更换并复测，合格后方可使用

（续表）

序号	设备	监督项目	抽检比例	检测时机及方式	检测标准和质量判定依据	整改要求
21	输电线路塔材	输电线路塔材几何尺寸检测	新建(改造、扩建)输电线路工程铁塔每个厂家、每种塔型抽取2基铁塔的角钢、钢板、有缝钢管，每种规格抽检数量不少于3件。角钢边宽用游标卡尺在长度方向上每边各测量3点，分别取其算数平均值；角钢厚度用游标卡尺或超声波测厚仪在每边各测量3点，分别取其算数平均值；钢板厚度测量3点，取其算数平均值；有缝钢管随机抽检2个横截面，每个截面均匀测量4点，分别取其算数平均值	在到货验收阶段或安装调试阶段开展现场检测。采用游标卡尺、超声波测厚仪进行塔材几何尺寸测量。该检测方法为无损检测，检测合格试件仍可用于工程使用	检测依据GB/T 11344—2021《无损检测　超声测厚》。等边角钢质量判定依据Q/GDW 13234.1—2019《10～750 kV输变电工程角钢铁塔、钢管塔、钢管杆、变电构支架采购标准　第1部分：通用技术规范》第5.1.2条中“角钢外形尺寸允许偏差满足表4要求，其他执行国家标准(GB/T 706—2016)规定，且存在负偏差的抽检产品数量不超过所有抽检产品数量的50%”；钢板和有缝钢管质量判定依据Q/GDW 13234.1—2019《10～750 kV输变电工程角钢铁塔、钢管塔、钢管杆、变电构支架采购标准　第1部分：通用技术规范》第5.1.2条中“钢板厚度允许偏差满足表5要求，其他执行国家标准(GB/T 709—2019)规定，且存在负偏差的抽检产品数量不超过所有抽检产品数量的50%”	抽检不合格应视为该批次铁塔全部不合格，予以整改并复测，合格后方可使用
22	铁塔重量	铁塔重量检测	新建(改造、扩建)输电线路工程铁塔按厂家100%检测	在到货验收阶段开展检测。建议采用过磅秤站称重的方法	在到货验收阶段开展检测。建议采用过磅秤站称重的方法	不合格铁塔应予以整改并复测，合格后方可使用

（续表）

序号	设备	监督项目	抽检比例	检测时机及方式	检测标准和质量判定依据	整改要求
23	输电线路塔材焊缝	焊缝外观检验	新建（改造、扩建）输电线路工程每个厂家抽取不少于 2 基铁塔	在制造阶段开展检测。建议采用目视检查及表面探伤。该检测方法为无损检测，检测合格试件仍可用于工程使用	检测依据 GB/T 20967—2007《无损检测　目视检测　总则》。角钢塔质量判定依据 GB/T 2694—2018《输电线路铁塔制造技术条件》第 6.6.6.1 条中“a）焊缝感观应达到：外形均匀、成型较好，焊道与焊道、焊缝与基体金属间圆滑过渡。”和“c）焊缝外观质量应符合表 6 规定”，当出现第 6.6.6.1 条中 b）所述情况时，应进行表面无损检测；钢管结构铁塔质量判定依据 DL/T 646—2012《输变电钢管结构制造技术条件》第 8.5.1.1 条中“焊缝感观应达到外形均匀、成型较好，焊道与焊道、焊缝与基体金属间圆滑过渡，焊渣和飞溅物清除干净”和第 8.5.1.4 条中“一级、二级、三级焊缝外观质量应符合表 9 的规定”，当出现 8.5.1.3 所述情况时，应进行表面无损检测	抽检不合格应视为该批次铁塔全部不合格，予以整改并复测，合格后方可使用

（续表）

序号	设备	监督项目	抽检比例	检测时机及方式	检测标准和质量判定依据	整改要求
23	输电线路塔材焊缝	焊缝超声波探伤	新建（改造、扩建）输电线路工程每个厂家抽取2基铁塔，设计要求全焊透的一级、二级焊缝，抽检比例不低于其总数量的5%	在制造阶段开展检测。建议采用超声波探伤仪进行检测。该检测方法为无损检测，检测合格试件仍可用于工程使用	检测依据：钢管塔钢板厚度大于8 mm的对接焊缝，依据GB/T 11345—2013《焊缝无损检测　超声检测　技术、检测等级和评定》和GB/T 29712—2013《焊缝无损检测　超声检测　验收等级》执行；钢管塔钢板厚度小于或等于8 mm的对接焊缝，钢管塔依据Q/GDW 707—2012《输电线路钢管塔薄壁管对接焊缝超声波检验及质量评定》或DL/T 1611—2016《输电线路铁塔钢管对接焊缝超声波检测与质量评定》；角钢塔检测依据JG/T 203—2007《钢结构超声波探伤及质量分级法》。 质量判定依据：钢管塔焊缝质量判定依据Q/GDW 1384—2015《输电线路钢管塔加工技术规程》第7.5.3条，钢管杆焊缝质量判定依据DL/T 646—2012《输变电钢管结构制造技术条件》第8.5.3.5条，角钢塔焊缝质量判定依据GB/T 2694—2018《输电线路铁塔制造技术条件》第6.6.6.3条	抽检不合格应视为该批次铁塔全部不合格，予以整改并复测，合格后方可使用

（续表）

序号	设备	监督项目	抽检比例	检测时机及方式	检测标准和质量判定依据	整改要求
24	输电线路导线	直径检查	新建输电工程每个厂家、每种型号的导线各抽取1根进行检测，长度不低于2.5 m	在到货验收阶段进行抽样检测。该试验为破坏性试验，抽检试样不可再用于工程	检测依据GB/T 4909.2—2009《裸电线试验方法　第2部分：尺寸测量》执行。质量判定依据：绞线直径按照GB/T 1179—2017《圆线同心绞架空导线》中表A.1～A.15的规定，直径偏差按照GB/T 1179—2017《圆线同心绞架空导线》第6.6.2条规定。铝线直径及偏差按照GB/T 17048—2017《架空绞线用硬铝线》第6条规定，铝包钢线直径及偏差按照GB/T 17937—2009《电工用铝包钢线》第4.4条规定，镀锌钢线直径及偏差按照GB/T 3428—2012《架空绞线用镀锌钢线》中表1-5的规定，铝合金线直径及偏差按照GB/T 23308—2009《架空绞线用铝-镁-硅系合金圆线》第5条规定或NB/T 42042—2014《架空绞线用中强度铝合金线》第7条规定	若抽检发现不合格，应视为该供应商、同批次型号产品全部不合格，要求供应商全部进行更换，更换后复检合格方可使用

（续表）

序号	设备	监督项目	抽检比例	检测时机及方式	检测标准和质量判定依据	整改要求
24	输电线路导线	单线抗拉强度检测	新建输电工程每个厂家、每种型号的导线各抽取1根进行检测，长度不低于2.5 m	在到货验收阶段进行抽样检测。建议采用拉力试验机进行检测。该试验为破坏性试验，抽检试样不可再用于工程	检测依据GB/T 1179—2017《圆线同心绞架空导线》第6.6.4条执行，质量判定依据GB/T 1179—2017《圆线同心绞架空导线》第6.6.4条款，单线抗拉强度不小于相应绞前抗拉强度的95%。镀锌钢线绞前抗拉强度按照GB/T 3428—2012《架空绞线用镀锌钢线》中表1至表5规定选取，硬铝线绞前抗拉强度按照GB/T 17048—2017《架空绞线用硬铝线》中表4选取，铝合金线绞前抗拉强度按照GB/T 23308—2009《架空绞线用铝-镁-硅系合金圆线》中表3规定或《NB/T 42042—2014架空绞线用中强度铝合金线》第9.1条规定，铝包钢线绞前抗拉强度按照GB/T 17937—2009《电工用铝包钢线》中表4选取	若抽检发现不合格，应视为该供应商、同批次型号产品全部不合格，要求供应商全部进行更换，更换后复检合格方可使用
		单线电阻率检测（铝线/铝合金线/铝包钢线）	新建输电线路工程每个厂家、每种型号的导线各抽取1根进行检测，长度不低于2.5 m	到货后取样送检，建议采用直流电桥进行检测，该试验为破坏性试验，抽检试样不可再用于工程	检测依据GB/T 3048.2—2007《电线电缆电性能试验方法　第2部分：金属材料电阻率试验》执行，质量判定依据GB/T 1179—2017《圆线同心绞架空导线》第1.1条注2规定	若抽检发现不合格，应视为该供应商、同批次型号产品全部不合格，要求供应商全部进行整改，整改后复检合格方可使用

（续表）

序号	设备	监督项目	抽检比例	检测时机及方式	检测标准和质量判定依据	整改要求
24	输电线路导线	镀锌钢线镀锌层质量检测	新建输电工程每个厂家、每种型号的导线各抽取1根进行检测，长度不低于2.5 m	在到货验收阶段进行抽样检测。该试验为破坏性试验，抽检试样不可再用于工程	检测依据GB/T 3428—2012《架空绞线用镀锌钢线》第11.1条款进行，采用GB/T 3428—2012《架空绞线用镀锌钢线》附录B规定的重量法对镀锌钢线镀锌层质量进行测量。质量判定依据GB/T 3428—2012《架空绞线用镀锌钢线》第11.1条规定	若抽检发现不合格，应视为该供应商、同批次型号产品全部不合格，要求供应商全部进行更换，更换后复检合格方可使用
		铝包钢线铝层厚度检测	新建输电工程每个厂家、每种型号的铝包钢芯铝绞线/铝包钢芯铝合金绞线各抽取1根进行检测，长度不低于2.5 m	在到货验收阶段进行抽样检测。该试验为破坏性试验，抽检试样不可再用于工程	检测依据GB/T 6462—2005《金属和氧化物覆盖层　厚度测量　显微镜法》执行，采用切割机、抛光机制作试样后在显微镜下读出铝层厚度值。质量判定依据最小铝层厚度按照GB/T 17937—2009《电工用铝包钢线》第4.5条款规定	若抽检发现不合格，应视为该供应商、同批次型号产品全部不合格，要求供应商全部进行更换，更换后复检合格方可使用
		绞向及节径比检测	新建输电工程每个厂家、每种型号的导线各抽取1根进行检测，长度不低于2.5 m	在到货验收阶段进行抽样检测。该试验为破坏性试验，抽检试样不可再用于工程	检测按照GB/T 4909.2—2009《裸电线试验方法　第2部分：尺寸测量》第5.5条进行，测量绞合节距和该层外径，根据GB/T 1179—2017《圆线同心绞架空导线》第6.6.7条计算节径比，质量判定依据GB/T 1179—2017《圆线同心绞架空导线》第5.4条规定	若抽检发现不合格，应视为该供应商、同批次型号产品全部不合格，要求供应商全部进行更换，更换后复检合格方可使用

（续表）

序号	设备	监督项目	抽检比例	检测时机及方式	检测标准和质量判定依据	整改要求
25	输电线路地线	直径检查	新建输电工程每个厂家、每种型号的绞线各抽取1根进行检测，长度不低于2.5 m	在到货验收阶段进行抽样检测。该试验为破坏性试验，抽检试样不可再用于工程	检测依据GB/T 4909.2—2009《裸电线试验方法　第2部分：尺寸测量》执行。质量判定依据：镀锌钢绞线及其钢线直径及偏差按照YB/T 5004—2012《镀锌钢绞线》中表1和表3规定。铝包钢绞线直径按照GB/T 1179—2017《圆线同心绞架空导线》中表A.4～A.5的规定，直径偏差按照GB/T 1179—2017《圆线同心绞架空导线》第6.6.2条规定。铝包钢线直径偏差按照GB/T 17937—2009《电工用铝包钢线》第4.4条规定	若抽检发现不合格，应视为该供应商、同批次型号产品全部不合格，要求供应商全部进行更换，更换后复检合格方可使用
		镀锌钢绞线力学性能检测	新建输电工程每个厂家、每种型号的镀锌钢绞线各抽取1根进行检测，长度不低于2.5 m	在到货验收阶段进行抽样检测。建议采用拉力试验机进行检测。该试验为破坏性试验，抽检试样不可再用于工程	拆股钢丝力学性能检测依据GB/T 228.1—2010《金属材料　拉伸试验　第1部分：室温试验方法》执行，质量判定依据YB/T 5004—2012《镀锌钢绞线》第6.3.1条款，钢丝抗拉强度和伸长率不小于YB/T 5004—2012《镀锌钢绞线》中表2规定值。镀锌钢绞线破断拉力按照YB/T 5004—2012《镀锌钢绞线》第6.3.3方法二计算，质量判定依据YB/T 5004—2012《镀锌钢绞线》第6.3.2条款	若抽检发现不合格，应视为该供应商、同批次型号产品全部不合格，要求供应商全部进行更换，更换后复检合格方可使用

（续表）

序号	设备	监督项目	抽检比例	检测时机及方式	检测标准和质量判定依据	整改要求
25	输电线路地线	铝包钢绞线单线抗拉强度检测	新建输电工程每个厂家、每种型号的铝包钢绞线各抽取1根进行检测，长度不低于2.5 m	在到货验收阶段进行抽样检测。建议采用拉力试验机进行检测。该试验为破坏性试验，抽检试样不可再用于工程	检测依据GB/T 1179—2017《圆线同心绞架空导线》第6.6.4条执行，质量判定依据GB/T 1179—2017《圆线同心绞架空导线》第6.6.4条款，单线抗拉强度不小于相应绞前抗拉强度的95%。铝包钢线绞前抗拉强度按照GB/T 17937—2009《电工用铝包钢线》中表4选取	若抽检发现不合格，应视为该供应商、同批次型号产品全部不合格，要求供应商全部进行更换，更换后复检合格方可使用
		镀锌钢绞线镀锌层质量检测	新建输电工程每个厂家、每种型号的镀锌钢绞线各抽取1根进行检测，长度不低于2.5 m	在到货验收阶段进行抽样检测。该试验为破坏性试验，抽检试样不可再用于工程	检测依据GB/T 1839—2008《钢产品镀锌层质量试验方法》进行。质量判定依据YB/T 5004—2012《镀锌钢绞线》第6.4.3条款规定。镀锌层重量不小于YB/T 5004—2012《镀锌钢绞线》中表4规定值	若抽检发现不合格，应视为该供应商、同批次型号产品全部不合格，要求供应商全部进行更换，更换后复检合格方可使用
		铝包钢绞线铝层厚度检测	新建输电工程每个厂家、每种型号的铝包钢绞线各抽取1根进行检测，长度不低于2.5 m	在到货验收阶段进行抽样检测。该试验为破坏性试验，抽检试样不可再用于工程	检测依据GB/T 6462—2005《金属和氧化物覆盖层 厚度测量 显微镜法》执行，采用切割机、抛光机制作试样后在显微镜下读出铝层厚度值。质量判定依据最小铝层厚度按照GB/T 17937—2009《电工用铝包钢线》第4.5条款规定	若抽检发现不合格，应视为该供应商、同批次型号产品全部不合格，要求供应商全部进行更换，更换后复检合格方可使用

（续表）

序号	设备	监督项目	抽检比例	检测时机及方式	检测标准和质量判定依据	整改要求
25	输电线路地线	铝包钢绞线单线电阻率检测	新建输电线路工程每个厂家、每种型号的铝包钢绞线各抽取1根进行检测，长度不低于2.5 m	到货后取样送检，建议采用直流电桥进行检测，该试验为破坏性试验，抽检试样不可再用于工程	检测依据GB/T 3048.2—2007《电线电缆电性能试验方法　第2部分：金属材料电阻率试验》执行，质量判定依据GB/T 1179—2017《圆线同心绞架空导线》第1.1条注2规定	若抽检发现不合格，应视为该供应商、同批次型号产品全部不合格，要求供应商全部进行整改，整改后复检合格方可使用
		绞向及节径比检测	新建输电工程每个厂家、每种型号的绞线抽取1根进行检测，长度不低于2.5 m	在到货验收阶段进行抽样检测。该试验为破坏性试验，抽检试样不可再用于工程	检测按照GB/T 4909.2—2009《裸电线试验方法　第2部分：尺寸测量执行》第5.5条进行，测量绞合节距和该层外径，根据GB/T 1179—2017《圆线同心绞架空导线》第6.6.7条计算节径比，质量判定依据GB/T 1179—2017《圆线同心绞架空导线》第5.4条和YB/T 5004—2012《镀锌钢绞线》第4.2条规定	若抽检发现不合格，应视为该供应商、同批次型号产品全部不合格，要求供应商全部进行更换，更换后复检合格方可使用
26	跌落式熔断器	导电片导电率检测	每个批次、每个厂家、每种型号抽检数量不少于1件	在到货验收阶段开展现场检测，建议采用导电率测试仪进行检测。该检测方法为无损检测，检测合格设备仍可用于工程使用	检测依据GB/T 32791—2016《铜及铜合金导电率涡流测试方法》。质量判定依据Q/GDW 13087.1—2018《12～40.5 kV户外跌落式熔断器采购标准　第1部分：通用技术规范》第5.2.3.2条a)规定，双端逐级排气的导电片应选用导电率不低于97%IACS的T2纯铜或以上材料；单端排气的上触头导电片含铜量不低于95%，下触头导电片应选用导电率不低于97%IACS的T2纯铜或以上材料	抽检不合格的导电片应视为该厂家该批次跌落式熔断器导电片全部不合格，予以更换并复测，合格后方可使用

（续表）

序号	设备	监督项目	抽检比例	检测时机及方式	检测标准和质量判定依据	整改要求
26	跌落式熔断器	导电片触头镀银层厚度检测	每个批次、每个厂家、每种型号抽检数量不少于1件	在到货验收阶段开展现场或实验室检测。建议采用X射线荧光镀层检测仪(固定式或便携式)或其他能保证精度的检测设备对跌落式熔断器的导电片触头导电接触部分进行镀银层厚度检测。该检测方法为无损检测，检测合格设备仍可用于工程使用	检测依据GB/T 16921—2005《金属覆盖层　覆盖层厚度测量 X射线光谱方法》；质量判定依据Q/GDW 13087.1—2018《12～40.5 kV户外跌落式熔断器采购标准　第1部分：通用技术规范》第5.2.3.2条a)规定，导电片触头导电接触部分均要求镀银，镀层均匀且厚度≥3 μm	抽检不合格的导电片应视为该厂家、该批次跌落式熔断器导电片全部不合格，予以更换并复测，合格后方可使用
		铁件热镀锌厚度检测	每个批次、每个厂家、每种型号抽检数量不少于1件	在到货验收阶段开展现场检测，采用磁性镀层测厚仪对跌落式熔断器上的铁件进行镀锌层厚度检测。该检测方法为无损检测，检测合格设备仍可用于工程使用	检测依据GB/T 4956—2003《磁性基体上非磁性覆盖层　覆盖层厚度测量　磁性法》；质量判定依据Q/GDW 13087.1—2018《12～40.5 kV户外跌落式熔断器采购标准　第1部分：通用技术规范》第5.2.3.3条规定，各铁件均应热镀锌，锌层均匀且厚度≥80 μm	抽检不合格的铁件应视为该厂家、该批次跌落式熔断器铁件全部不合格，予以更换并复测，合格后方可使用
		铜铸件材质分析	每个批次、每个厂家、每种型号抽检数量不少于1件	在设备到货验收阶段开展现场检测，采用便携式X射线荧光光谱仪进行铜铸件材质检测。该检测方法为无损检测，检测合格设备仍可用于工程使用	检测依据DL/T 991—2006《电力设备金属光谱分析技术导则》；质量判定依据Q/GDW 13087.1—2018《12～40.5 kV户外跌落式熔断器采购标准　第1部分：通用技术规范》第5.2.3.3条规定，跌落式熔断器的铜铸件的材质要求为青铜(含铜量大于90%)及以上	抽检不合格的铜铸件应视为该供应商、该批次跌落式熔断器铜铸件全部不合格，予以更换并复测，合格后方可使用

(续表)

序号	设备	监督项目	抽检比例	检测时机及方式	检测标准和质量判定依据	整改要求
27	户外柱上断路器	接线端子镀锡层厚度检测	每个批次、每个厂家、每种型号的抽检数量不少于1台。每台设备进行100%接线端子镀锡层厚度检测	在到货验收阶段进行现场检测,采用便携式X射线荧光镀层测厚仪对接线端子镀锡层厚度进行检测。该检测方法为无损检测,检测合格设备仍可用于工程使用	检测依据GB/T 16921—2005《金属覆盖层　覆盖层厚度测量 X射线光谱方法》;质量判定依据Q/GDW 13084.2—2018《12 kV户外柱上断路器采购标准　第2部分:12 kV户外柱上真空断路器专用技术规范》中表1、Q/GDW 13084.3—2018《12 kV户外柱上断路器采购标准　第3部分:12 kV户外柱上SF6断路器专用技术规范》中表1,接线端子材质为T2及以上,外表面进行镀锡工艺处理,镀锡层厚度≥12 μm	抽检不合格的柱上断路器应视为该厂家、该批次的柱上断路器接线端子镀锡层厚度全部不合格,予以更换并复测,合格后方可使用
		接线端子导电率检测	每个批次、每个厂家、每种型号的抽检数量不少于1台。每台设备进行100%接线端子导电率检测	在到货验收阶段进行现场检测,采用导电率测试仪对接线端子导电率进行检测。该检测方法为无损检测,检测合格设备仍可用于工程使用	检测依据GB/T 32791—2016《铜及铜合金导电率涡流测试方法》。质量判定依据Q/GDW 13084.2—2018《12 kV户外柱上断路器采购标准　第2部分:12 kV户外柱上真空断路器专用技术规范》中表1、Q/GDW 13084.3—2018《12 kV户外柱上断路器采购标准　第3部分:12 kV户外柱上SF6断路器专用技术规范》中表1,接线端子材质为T2及以上,电导率≥56 S/m	抽检不合格的柱上断路器应视为该厂家、该批次的柱上断路器接线端子导电率全部不合格,予以更换并复测,合格后方可使用

（续表）

序号	设备	监督项目	抽检比例	检测时机及方式	检测标准和质量判定依据	整改要求
28	JP 柜	JP 柜柜体厚度检测	每个批次、每个厂家、每种型号的抽检数量不少于 1 件。每台设备箱体每个面选择不少于 3 个点检测	在到货验收阶段进行检测，采用超声波测厚仪进行箱体厚度测量。该检测方法为无损检测，检测合格设备仍可用于工程使用	检测依据 GB/T 11344—2021《无损检测　超声测厚》；质量判定依据 Q/GDW 13094.1—2018《综合配电箱采购标准　第 1 部分：通用技术规范》第 5.4.2 条 c）规定，装置外壳应采用 2 mm厚不锈钢板、优质冷轧钢板金属材质，或相应强度的其他材质制作（如 SMC 材料）	抽检不合格的 JP 柜应视为该厂家、该型号的 JP 柜箱体全部不合格，予以更换并复测，合格后方可使用
29	环网柜	环网柜柜体厚度检测	每个批次、每个厂家、每种型号的抽检数量不少于 1 件。每台设备箱体每个面选择不少于 3 个点检测	在到货验收阶段进行检测，采用超声波测厚仪进行柜体厚度测量。该检测方法为无损检测，检测合格设备仍可用于工程使用	检测依据 GB/T 11344—2021《无损检测　超声测厚》。质量判定依据 Q/GDW 13091.1—2018《12 kV环网柜采购标准　第 1 部分：通用技术规范》第 5.2.5 条的规定，柜体应采用敷铝锌钢板或不锈钢板弯折后栓接而成，板材厚度不得小于 2 mm	不合格的环网柜应视为该厂家、该型号的环网柜柜体全部不合格，予以更换并复测，合格后方可使用
30	柱上隔离开关	柱上隔离开关触头镀银层厚度检测	每个批次、每个厂家、每种型号柱上隔离开关触头、触指抽取一相进行检测，接触面为必检部位	在到货验收阶段或安装调试阶段取样，并开展现场或实验室检测。建议采用 X 射线荧光镀层检测仪（固定式或便携式）或其他能保证精度的检测设备进行隔离开关触头厚度检测。该测量为无损检测，检测合格试件仍可用于工程使用	检测依据 GB/T 16921—2005《金属覆盖层　覆盖层厚度测量 X 射线光谱方法》；质量判定依据 Q/GDW 13073.1—2018《12 kV 三相柱上隔离开关采购标准　第 1 部分：通用技术规范》第 5.9 条规定，触头的镀银层厚度应大于或等于 20 μm	抽检不合格的隔离开关应视为该厂家、该型号的隔离开关触头全部不合格，予以更换并复测，合格后方可使用

（续表）

序号	设备	监督项目	抽检比例	检测时机及方式	检测标准和质量判定依据	整改要求
31	支柱绝缘子及瓷套	支柱绝缘子及瓷套超声检测	对 110 kV 及以上新(扩)建变电工程,每个厂家每种型号的支柱绝缘子及瓷套(外径不小于 ϕ80 mm 高压支柱瓷绝缘子及外径不小于 ϕ150 mm 的断路器、CT、PT(含 CVT)、避雷器等设备瓷质外套)按照 20%且不少于两只进行抽检	在支柱绝缘子及瓷套安装完成后现场检测,建议采用 A 型脉冲反射超声波检测仪进行缺陷检测。该检测为无损检测,检测合格部件仍可用于工程使用	检验方法依据 DL/T 303—2014《电网在役支柱瓷绝缘子及瓷套超声波检测》中相关要求。支柱瓷绝缘子及瓷套法兰胶装区表面和近表面缺陷的检测推荐采用爬波法;支柱瓷绝缘子内部和对称侧表面或近表面缺陷的检测推荐采用小角度纵波斜入射法;瓷套内部和内壁缺陷的检测推荐采用双晶斜探头横波法。判断依据如下: ① 凡是判定为裂纹的缺陷为不合格。 ② 爬波法检测结果符合下列条件之一的评定为不合格: A. 凡反射波幅超过距离—波幅曲线高度的缺陷; B. 反射波幅等于或低于距离—波幅曲线高度,且指示长度不小于 10 mm 的缺陷。 ③ 小角度纵波和双晶横波检测结果符合下列条件之一的评定为不合格: A. 单个缺陷波大于或等于 ϕ1 mm 横通孔当量的缺陷; B. 单个缺陷波小于 ϕ1 mm 横通孔当量,且指示长度不小于 10 mm 的缺陷; C. 单个缺陷波小于 ϕ1 mm 横通孔当量,呈现多个(不小于 3 个)反射波或林状反射波的缺陷	对于检查出不合格缺陷的产品型号,应扩大进行 100%检查,对不合格的支柱绝缘子及瓷套进行更换,对更换后的设备进行复测,合格后方可使用

参考文献

[1] 国家电网公司．变压器油中溶解气体在线监测装置技术规范(Q/GDW 10536—2017)[S]. 北京:中国标准出版社,2017.

[2] 国家能源局．气体继电器检验规程(DL/T 540—2013)[S]. 北京:中国标准出版社,2013.

[3] 国家能源局．电网金属技术监督规程(DL/T 1424—2015)[S]. 北京:中国标准出版社,2015.

[4] 国家能源局．高压交流隔离开关和接地开关(DL/T 486—2010)[S]. 北京:中国标准出版社,2010.

[5] 中华人民共和国质量监督检验检疫总局,中国国家标准化管理委员会．金属覆盖层 镀层厚度的测量 X 射线光谱法(GB/T 16921—2005))[S]. 北京:中国标准出版社,2005.

[6] 国家电网公司．交流隔离开关及接地开关触头镀银层厚度检测导则 Q/GDW 11284—2011[S]. 北京:电力工业出版社,2011.

[7] 国家电网公司．电网设备金属技术监督导则 Q/GDW 11717—2017[S]. 北京:电力工业出版社,2017.

[8]中华人民共和国发展和改革委员会．无损检测 材料超声速度测量方法(JB/T 7522—2004)[S]. 北京:中国标准出版社,2004.

[9] 中华人民共和国工业和信息化部．无损检测 A 型脉冲反射式超声检测系统工作性能测试方法(JB/T 9214—2010)[S]. 北京:中国标准出版社,2010.

[10] 中华人民共和国住房和城乡建设部．混凝土结构工程施工质量验收规范(GB 50204—2015)[S]. 北京:中国标准出版社,2015.

[11] 国家能源局．电力工程施工测量技术规范(DL/T 5445—2010)[S]. 北京:中国标准出版社,2010.